AF308470

Der Autor:
Roger Peter Frey wurde in der Schweiz geboren. Er machte sein Hobby vor ein paar Jahren zum Beruf und wurde Gleitschirmfluglehrer SHV, DHV und ÖAeC. Auf der Kanareninsel La Palma entwickelte er zusammen mit dem spanischen Fluglehrer Javier López Redondo in der Flugschule Palmaclub einen „GuideService" für Gleitschirmpiloten und spezialisierte sich auf deren Weiterbildung. Roger lebt und arbeitet auf La Palma und in der Schweiz.

Roger P. Frey

Wetter

auf der Insel La Palma

„Akzeptiere, dass du dich nach dem Wetter zu richten hast.
Es ist älter - lasse ihm höflich den Vortritt".

Indianische Weisheit

Roger P. Frey

Wetter

auf der Insel La Palma

ISBN 978-3-738-63451-8

7. Auflage; Mai 2022

© 2022   Roger P. Frey (www.idafe.com)
Bern (Schweiz) und La Palma (Spanien)

Grafiken und Design: Roger P. Frey
Wetterkarten: ogimet.com; www.wetterzentrale.de; noaa.gov, Air Resources Laboratory;

© Bilder: Roger P. Frey; Nico Zwahlen; NASA.

Umschlagbild: Föhn-Rotorwolke in der Abendsonne mit Calima. Januar 2015, Las Norias, La Palma. © Roger P. Frey.

Satz: LaTeX

Herstellung und Verlag: BoD – Books on Demand, Norderstedt

Inhaltsverzeichnis

Inhaltsverzeichnis

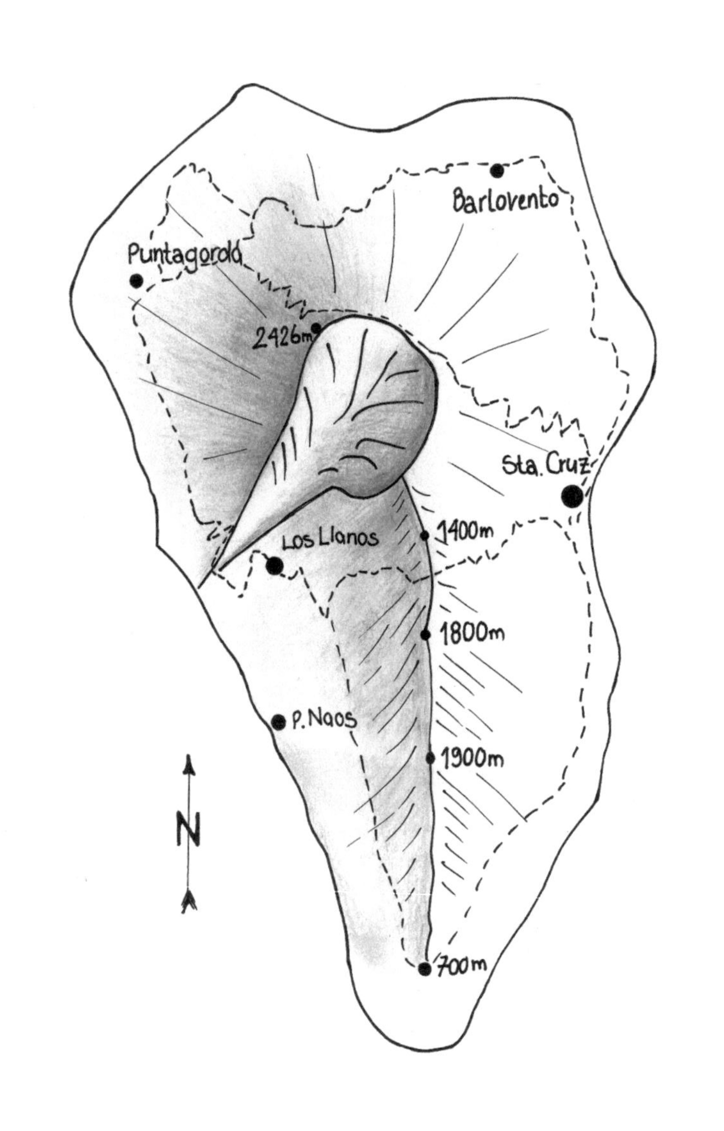

Barlovento
Puntagorda
2426m
Sta. Cruz
Los Llanos
1400m
1800m
P. Naos
1900m
700m
N

1 Vorwort

Das Wetter, noch heute ein schwieriges Voraussageproblem, kann sich speziell auf La Palma kleinräumig sehr vielfältig entwickeln. Die Lage der Insel und ihre hohen Berge führen zu abwechslungsreichen Mikroklimata. Es können lokale Wetterphänomene entstehen, die für die Menschen beeindruckend, überraschend aber auch gefährlich werden können.

Erst wenn der Betrachter versteht, wie der Wind von der Insel abgelenkt wird, wie wichtig eine Inversion für die Wetterentwicklung sein kann und was die Luftfeuchtigkeit und andere Wettergrößen bewirken, kann er die großräumigen Wetterprognosen für La Palma interpretieren und für einen Punkt auf der Insel eine brauchbare Prognose erstellen.

Dieses Buch führt den Wetterinteressierten Schritt für Schritt dorthin. Es enthält eine Fülle von Informationen und Anwendungsbeispielen zur Beantwortung der mir immer wieder gestellten Frage: "Wie wird das Wetter morgen?" Entstanden ist es nach über 20 Jahren der Wetterbeobachtung auf La Palma sowie durch meine Begeisterung für das Wetter und die Insel.

Um den Zugang zu Internetseiten zu erleichtern wurden viele QR Codes abgedruckt. Diese können bequem mit dem Tablet oder Mobiltelefon eingelesen werden.

Abb. 1.1: *Vulkanausbruch 2021*
Foto: Javier González Taño

2 La Palma

2.1 Die Entstehung der Insel

La Palma befindet sich 28,4° N und 17,5° W im Atlantik und gehört mit El Hierro zu den jüngsten Kanarischen Inseln. Die Insel entstand vor rund 2 Millionen Jahren. Damit ist sie gegenüber ihren ältesten Schwesterinseln Fuerteventura und Lanzarote um 22 Millionen Jahre jünger.

Es werden verschiedene Hypothesen zur Entstehung der Kanarischen Inseln diskutiert. Die verbreitetste ist die *Hot-Spot-Theorie*, wonach die Inseln über einem Hot-Spot entstanden. Plattentektonische Verschiebungen ließen die Inseln nach und nach auf einer Linie in Richtung Südwesten wachsen. Die derzeilige Position des Hot-Spot sei durch die vulkanische Aktivität von La Palma und El Hierro gekennzeichnet. Die *Atlas-Theorie* verbindet die Kanarischen Inseln mit den dynamischen Phasen des nahen Atlasgebirges und die *Instabilitäts-Hypothese* wiederum hält die Hebung von Teilen der ozeanischen Kruste für die Ursache der Inselbildungen.[1]

Tausende Vulkanausbrüche, viele übereinander und kleine bis gigantische Erdrutsche haben letztendlich die Insel La Palma geformt, die mit einer maximalen Nord-Süd Ausdehnung von 45 km, einer Ost-West von 26 km und einer maximalen Höhe von 2.426 m, bezogen auf die kleine Fläche zu den steilsten Inseln der Welt gehört.

Das Meer ist auf der Westseite 4.000 m tief. Somit ist der

---

[1]Olzem, R., Reisinger, T.: Geologischer Wanderführer La Palma: 9 - 19; RF Geologie Verlag (2014).

Vulkankomplex mit rund 6.400 m Höhe einer der höchsten der Erde.

2.2 Orographie

Orographisch kann man die Insel grob in zwei Gebilde einteilen. In den älteren Norden, der vom Vulkan *Taburiente* dominiert wurde, erodierte und nun den Nationalpark *Caldera de Taburiente* bildet, sowie den jüngeren Süden, exponiert von der *Cumbre Vieja*. Der Höchste Punkt der Insel ist der *Roque de los Muchachos* mit 2.426 m über Meer.[2] Südlich der Caldera befindet sich ein wetterbestimmender Nord - Süd verlaufende Grat. Zuerst die *Cumbre Nueva* mit dem *Reventón* und einer Höhe von 1.400 m, anschließend die *Cumbre Vieja* mit einer Höhe von bis 1.900 m (s. Seite 8).

2.3 Vulkanismus

Der Vulkanismus auf La Palma ist vom Typ *Stromboliano*. Dieser Eruptionstyp ist durch eine Vielzahl kleinerer Explosionen gekennzeichnet, welche im Abstand von Sekunden bis Tagen erfolgen können. Gasblasen zerplatzen erst unmittelbar unter der Magmaoberfläche, weshalb deren Energie eher gering ist und Lavafetzen meist nur wenige hundert Meter in die Luft geschleudert werden. Namensgebend ist der Stromboli, ein Inselvulkan im Süden Italiens.

Der letzte Ausbruch eines Vulkans auf La Palma fand vom 19. September 2021 bis zum 13. Dezember 2021 statt. Mit 85 Tagen war dies die am längsten andauernde Eruption seit der Geschichtsschreibung auf der Insel. Während dieses Vulkanausbruchs wurden 1.345 Wohnhäuser und über 1.200 ha Land zerstört. Aufgrund lange anhaltenden CO_2 Emissionen

---

[2]Um die Lesbarkeit zu vereinfachen wurde für Höhenangaben das deutsche ü.d.M. weggelassen. Meter über Meer wird in diesem Buch als m bezeichnet.

an der Küste, blieben Puerto Naos und La Bombilla auch noch Monate nach der Eruption evakuiert. Die Schadensumme wurde auf fast eine Milliarde Euro geschätzt.

Diese Tragödie wird im Buch „Vulkaneruption auf La Palma" Tag für Tag detailreich beschrieben (QR-Code S. 84).

Die vorletzte Eruption, die des Teneguía im Süden der Insel, fand im Jahr 1971 statt und dauerte dreieinhalb Wochen. Auf der Nachbarinsel El Hierro entstand im Jahr 2011 nach länger andauernden schwachen Schwarmbeben unter der Meeresoberfläche ein neuer Vulkan.

2.4 Klima

Das Klima auf La Palma ist sehr vielfältig. So ist der Nordosten, bedingt durch die Passatwinde, welche Feuchtigkeit und Regen mit sich bringen, grün und mit einer vielfältigen mediterranen Flora ausgestattet, der Westen sonniger und der Süden karg und trocken. Die Höhenlage ist entscheidend. Wenige hundert Höhenmeter führen zu einem anderen Klima.

Die Unterschiede vom Osten zum Westen zeigen sich auch auf den nachstehenden Klimatabellen für Sta. Cruz und Tazacorte. In Tazacorte scheint die Sonne demnach 600 Stunden pro Jahr länger als in der Hauptstadt Santa Cruz de La Palma.

	Jan	**Feb**	**Mar**	**Apr**	**Mai**	**Jun**
Sonnenschein (h)	140	147	170	174	187	174
Lufttemperatur (°C)	17,9	17,9	18,4	19,0	19,8	21,1
Wassertemperatur (°C)	20	20	19	20	20	20
Regentage	6	5	5	3	1	1
	Jul	**Aug**	**Sep**	**Okt**	**Nov**	**Dez**
Sonnenschein (h)	218	215	197	172	146	148
Lufttemperatur (°C)	22,5	23,4	23,5	22,6	20,7	18,9
Wassertemperatur (°C)	22	23	24	23	22	21
Regentage	0	1	2	5	7	7

Tab. 2.1: *Klimatabelle Sta. Cruz de la Palma*

	Jan	**Feb**	**Mar**	**Apr**	**Mai**	**Jun**
Sonnenschein (h)	195	200	215	220	240	250
Lufttemperatur (°C)	19	19	19,5	20	21	22,5
Wassertemperatur (°C)	20	20	20	20	21	22
Regentage	5	5	5	3	1	0
	Jul	**Aug**	**Sep**	**Okt**	**Nov**	**Dez**
Sonnenschein (h)	290	270	205	205	200	200
Lufttemperatur (°C)	24	25	24,5	23	21,5	20
Wassertemperatur (°C)	23	24	25	24	22	21
Regentage	0	1	1	3	5	6

Tab. 2.2: *Klimatabelle Tazacorte*

3 Grundlagen der Meteorologie

3.1 Der Aufbau der Atmosphäre

Die *Atmosphäre* wird in verschiedene Schichten unterteilt, wobei das Wettergeschehen in der *Troposphäre* stattfindet. Die Troposphäre ist an den Polen nur etwa 8 km dick, erreicht aber am Äquator eine Höhe von bis zu 16 km. Ferner unterliegt ihre Ausdehnung jahreszeitlichen Schwankungen. Der Temperaturverlauf sinkt bis zur *Tropopause* auf ungefähr - 55 °C und steigt dann in der *Stratosphäre* wieder an. In etwa 50 km Höhe herrscht fast wieder die gleiche Temperatur wie am Boden (Abb. 3.1; Seite 16).

3.2 Eigenschaften der Luft

Die *Luft* ist ein Gasgemisch, das zu ca. 78 % aus Stickstoff (N_2), rund 21 % aus Sauerstoff (O_2), geringen Mengen Edelgase sowie aus Kohlendioxid (CO_2) besteht. Luft lässt sich komprimieren und kann je nach Druck und Temperatur unterschiedlich viel Wasser aufnehmen. Im Mittel sind es zwar nur 0,4 %, diese beeinflussen allerdings das Wettergeschehen im Wesentlichen. Zudem enthält die Luft kleine Staubteilchen, die bei der *Kondensation* von Wasser eine wichtige Rolle spielen.

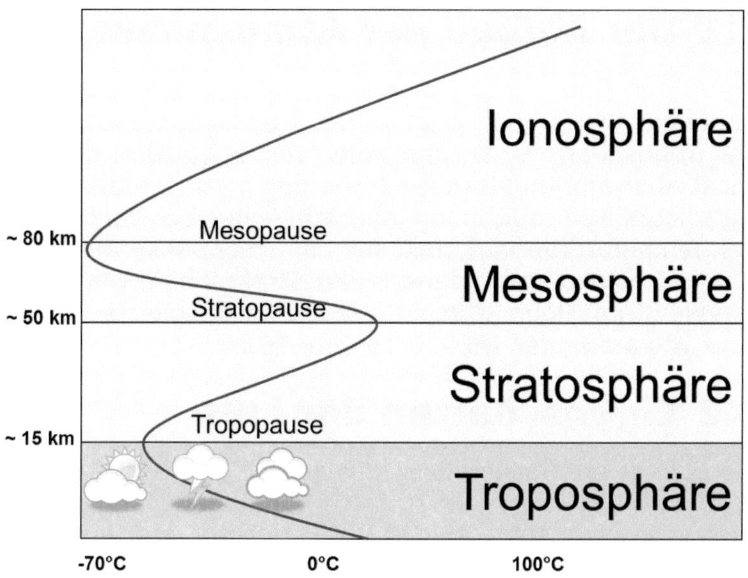

Abb. 3.1: *Die Atmosphäre*

3.3 Luftdruck und Luftdichte

Die Luft übt unter dem Einfluss der Schwerkraft einen Druck auf die Erdoberfläche aus. Man kann sich dazu eine Luftsäule vorstellen, bei der sich die Gewichte der übereinander liegenden Luftmoleküle addieren um schließlich den Bodendruck, bzw. das Gewicht pro gegebener Fläche am Boden zu erzeugen. Weil sich Luft, im Gegensatz zu Wasser, komprimieren lässt, ist der Luftdruck am Boden am höchsten. Umgekehrt nimmt er in nicht linearer Weise mit zunehmender Höhe schnell ab. Der Luftdruck hängt aber auch von der Temperatur ab. Mit steigender Temperatur geraten Luftmoleküle zunehmend in Bewegung und benötigen mehr Raum, die Luft dehnt sich aus, die Luftdichte nimmt ab und folglich auch der Druck, den eine solche erwärmte Luftsäule am Boden ausübt.
Weil sich die Wetterstationen auf unterschiedlichen Höhen befinden, wird der Luftdruck für einen Vergleich auf Meereshöhe umgerechnet.

Der Luftdruck sollte nicht mit der *Luftdichte* verwechselt werden. Die Luftdichte bezeichnet das Gewicht der Luft bezogen auf das Volumen.

Standardatmosphäre auf Meereshöhe:

> Luftdruck: 1.013,25 hPa
> Luftdichte: 1,225 kg/m^3 bei 15 °C

3.4 Temperatur

Die Sonnenstrahlung durchdringt die Luft ohne diese maßgeblich zu erwärmen. Erst die Absorption der Lichtstrahlen durch die Erdoberfläche bewirkt eine Umwandlung in Wärmeenergie, die dann von der Erde an die direkt aufliegende Luft übertragen wird. Weil die Luft Wärme schlecht leitet und mit zunehmender Höhe der Druck sinkt, nimmt die Temperatur in der Höhe in der Regel ab.

3.5 Inversionen und Isothermien

Die Luft ist nicht gleichmäßig geschichtet. Auch verändert sich der Feuchtigkeitsgehalt der Luft laufend. Somit ergibt sich jeden Tag ein anderes Wetter. Normalerweise nimmt die Temperatur in der Troposphäre mit steigender Höhe bis zu 1 °C pro 100 m ab. Es kann aber auch sein, dass sie über einen bestimmten Bereich gleich bleibt *(Isothermie)* oder sogar zunimmt *(Inversion)*. Isothermien und Inversionen (Abb. 3.2) wirken stabilisierend und beeinflussen Wetter und Wind auf La Palma maßgeblich.

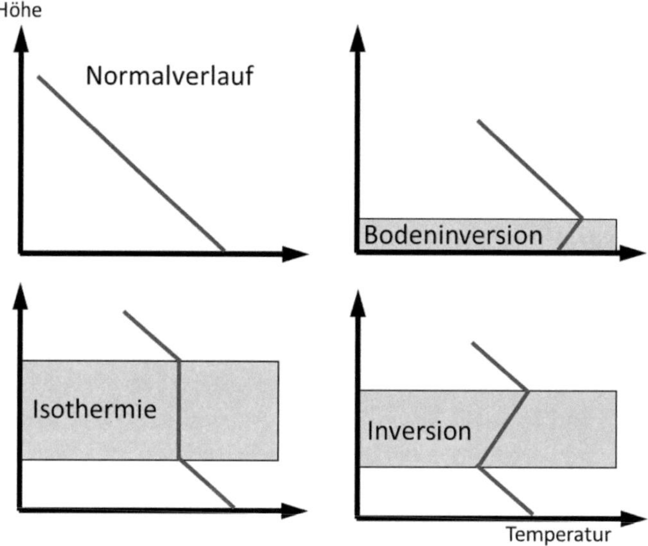

Abb. 3.2: *Luftschichtungen*

Diese stabilisierende Schicht ist auf La Palma an über 90 % der Tage vorhanden. Sie entsteht hier durch die langsam absinkenden Luftmassen im Azorenhoch. Bilden sich Wolken unter der Grathöhe, ist auf dieser Höhe meist auch die Inversion. Im Winterhalbjahr beginnt sie auf La Palma normalerweise zwischen 800 m und 1.500 m über Meer. Im Sommer ist sie manchmal auch deutlich tiefer. Erreichen Wetterfronten und Tiefdruckgebiete die Kanaren, dann verschwindet diese Sperrschicht temporär. Sie bildet sich unter dem nächsten Hochdruckeinfluss wieder neu. Unter und über der Sperrschicht entwickelt sich oft unterschiedliches Wetter. Aus diesem Grund ist die Höhe und Intensität der Inversion (Kap. 3.9) für Wetterprognosen auf La Palma entscheidend.

3.6 Luftfeuchtigkeit

Der Umstand, dass die Luft Feuchtigkeit in Form von Wassergas aufnehmen kann, ist die Grundlage für viele Wettererscheinungen. Je höher die Lufttemperatur ist, desto mehr Wasser kann in Form von Wassergas aufgenommen werden. Bei der Wasseraufnahme (Verdunsten) muss Energie in Form von Wärme zugeführt werden. Diese Energie wird dann beim Kondensieren (Wolkenbildung) gleichfalls als Wärme wieder frei.

- Maximale Luftfeuchte:
  Die *maximale Luftfeuchte* gibt die höchstmögliche Wassermenge einer Luftmasse bei bestimmter Temperatur und Druck an.

- Relative Luftfeuchte:
  Die *relative Luftfeuchte* gibt das Verhältnis von absoluter zur maximalen Luftfeuchte in Prozent an.

- Absolute Luftfeuchte:
  Die *absolute Luftfeuchte* gibt den tatsächlichen Gehalt an Wasser in einer Luftmasse in Gramm pro Kubikmeter an.

3.7 Taupunkt (Td)

Diejenige Temperatur, bei welcher 100 % Luftfeuchte erreicht ist, wird als *Taupunkt* bezeichnet. Als Maßeinheit wird °C verwendet. Der Taupunkt ist ein wichtiges Maß der Luftfeuchtigkeit.

Als Faustregel zur Berechnung der Höhe der Wolkenbasis und unter der Voraussetzung, dass es wirklich kondensiert, dient die *Hennig Formel*:

(Temperatur - Taupunkt) · 125 = Wolkenbasis in Meter über der Messstation.

Diese Formel sagt auch aus, dass sich die Wolkenbasis pro 1 °C Temperaturdifferenz um rund 125 m verschiebt.

3.8 Thermik

Thermik bildet sich immer dann wenn, bedingt durch Sonneneinstrahlung auf den Boden und eine instabile Luftschichtung, deutliche Temperaturdifferenzen entstehen, die zu einem Aufsteigen von Luftmassen führen. Die Luft erwärmt sich fast ausschließlich über den Boden. Wenn die Temperaturdifferenz der erwärmten Luftblase gegenüber der Umgebungsluft genug groß ist, löst sie sich ab und steigt als Thermik auf.

3.9 Emagramm

Der aktuelle Zustand der Luft wird mit Ballonsondierungen ermittelt. Die erhobenen Werte (Temperatur, Taupunkt, Windstärke und Windrichtung) werden in ein globales System eingespielt und dienen als Grundlage für Wetterprognosen. Die einzige Sondierung auf den Kanarischen Inseln wird alle 12 Stunden in Güimar auf Teneriffa durchgeführt. Aus den erhobenen Daten wird dann eine grafische Darstellung des Zustandes der Atmosphäre hergestellt. Diese Grafik wird *Emagramm* (Energie- Masse Diagramm) genannt.

Es gibt eine Vielzahl von möglichen Darstellungsarten der erhobenen Daten, wie zum Beispiel das *Stüve-* oder das *Skew-T Diagramm*. Dabei unterscheidet man zwischen aktuell erhobenen Daten oder den mit Wettermodellen berechneten Prognosen.

Beim Stüve Diagramm verlaufen die Temperaturlinien vertikal. Dieses Darstellungsformat ist zum Ablesen zwar einfacher, man kann damit aber nur schlecht die gesamte Atmosphäre abbilden. Beim Skew-T sind die Temperaturlinien nach rechts gekippt, was verhindert, dass die Kurven links aus dem Bild laufen. Im Weiteren wird nur noch das Skew-T Darstellungsformat verwendet.

Auf den Diagrammen befindet sich eine Vielzahl von Linien, für unsere Zwecke sind nur die Temperaturlinie und die Höhe wichtig. In Abb. 3.4 befindet sich ein Raster eines Skew-T Emagramms. Darin sind die Drucklinien in hPa für die Höhe, die Temperaturlinien und weitere Linien eingezeichnet.

Die Druckabnahme ist nicht gleichmäßig. Es reicht aber aus, sich untenstehende Näherung zu merken:

hPa	Höhe	Lage
1.000	0 m	Puerto Naos / Los Cancajos
900	1.000 m	Meist Höhe der Wolkenbasis im Winter
850	1.500 m	Reventón, Cumbre Nueva
800	2.000 m	Cumbre Vieja
750	2.500 m	Roque de los Muchachos

Die gemessenen Werte werden über das Raster gelegt. Rechts ist immer die Temperaturkurve, links die Taupunktkurve (Feuchtigkeit).

Aus dem Verlauf der Temperaturkurve im Emagramm können wir stabilisierende Bereiche herauslesen. Das sind Inversionen und Isothermien. In einer Inversion nimmt die

Temperatur mit zunehmender Höhe wieder zu, in einer Isothermie bleibt sie mit zunehmender Höhe gleich.

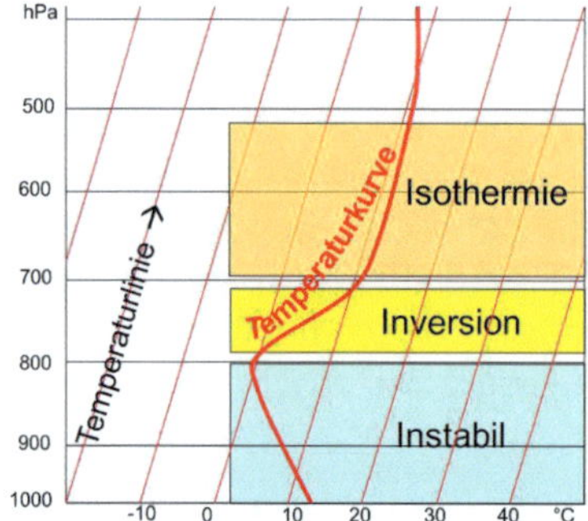

Abb. 3.3: *Luftschichtungen im Emagramm*

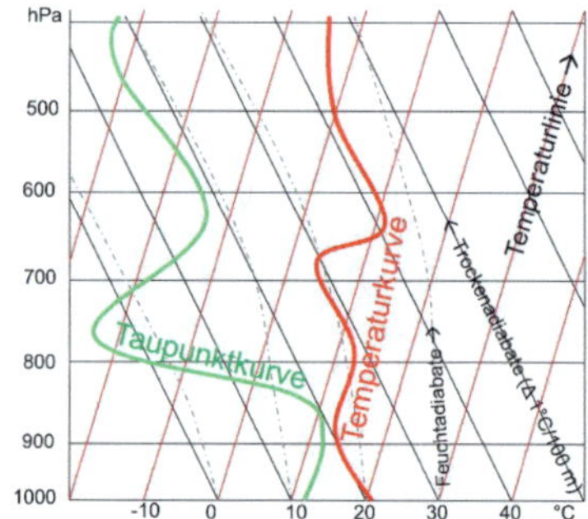

Abb. 3.4: *Taupunkt (links) & Temperatur (rechts)*

Beim Betrachten der Temperaturkurve in Abb. 3.4 sehen wir, dass die Temperatur im untersten Bereich bis etwa 900 hPa abnimmt. Danach messen wir eine gleichbleibende Temperatur (Isothermie), weiter ab 800 hPa bis 680 hPa eine weitere ausgeprägte Abnahme der Temperatur (Instabilität), gefolgt von einer ansteigenden Temperatur (Inversion). Bei der Inversion lesen wir aus dem Diagramm, dass die Temperatur im Bereich von 680 hPa bis 640 hPa von zuerst 4 °C auf rund 11 °C ansteigt.

Für die Kanarischen Inseln hat sich das Global Forecast Modell (GFS) als recht zuverlässig erwiesen. Das *Air Resource Laboratory* der *National Oceanic and Atmospheric Administration (NOAA)* rechnet solche Prognosen kostenlos. Neben der Temperatur und Taupunktkurve liefern sie auch recht genaue Windprognosen. Die Anleitung zum Erstellen von Prognose-Emagrammen für La Palma befindet sich auf Seite 54.

3.10 Wolken

La Palma ist für den aufmerksamen Beobachter ein richtiges Wolkenparadies, und Wolken bilden eine wichtige Grundlage zur Wind- und Wetterbeurteilung. Sie zeigen die Thermik, die Windrichtung sowie Windstärke an. Wolken entstehen immer dort, wo die Lufttemperatur den Taupunkt erreicht hat und das überschüssige Wasser zu kondensieren beginnt. Dies kann durch aufsteigende und sich dadurch abkühlende Luftmassen der Fall sein *(Konvektion)*, durch Aufgleiten *(Advektion)* von wärmeren Luftmassen auf andere Luftmassen oder auf Geländeerhöhungen.

Bei den Wolkengrundformen unterscheidet man zwischen Quell- und Haufenwolken der Gruppe Cumulus und Schichtwolken der Gruppe Stratus.[1]

Grob kann man die Wolken in drei Stockwerke einteilen:

	La Palma	**mittlere Breiten**	**Pol**
Hoch	6-18 km	5-13 km	3-8 km
Mittel	2-8 km	2-7 km	2-4 km
Tief	0-2 km	0-2 km	0-2 km

Hoch	Cirren (Ci), Cirrostratus (Cs), Cirrocumulus (Cc).
Mittel	Altostratus (As), Altocumulus (Ac).
Tief	Stratus (St), Nimbostratus (Ns), Cumulus (Cu).
0 - 18 km	Nimbostratus, Cumulus, Cumulonimbus (Cb).

3.10.1 Cirren

Cirren (lat. Haarlocke oder auch Federbusch) sind reine Eiskristallwolken, die in großen Höhen von 8.000 bis über 18.000 m vorkommen. Durch die oft starken Höhenwinde können sie entsprechend ausgefranst sein.

---

[1]Eine schöne und umfassende Sammlung von Wolkenbildern findet sich auf www.weltderwolken.de [Aufgerufen 30. Apr. 2022].

3.10.2 Alto- Wolken

Wolken mit der Anfangsbezeichnung *Alto-* (Hoch) kommen im mittleren Stockwerk vor. In Abb. 3.5 sind rechts Cirren (Eiskristalle) und auf der linken Seite Altocumulus Wolken. Eine *Altocumulus* Wolke ist bei ausgestrecktem Arm rund drei Finger breit. Die höhere Cirrocumulus dagegen nur rund einen Finger breit.

3.10.3 Stratus

Stratuswolken sind Schichtwolken. Sie entstehen, wenn die untere Schicht der Atmosphäre feucht und kalt ist. Aus ihnen fällt häufig Niederschlag in Form von Sprühregen, aber keine starken Regenfälle. Im Gegensatz zum Nimbostratus (Regenwolke) ist der Stratus völlig strukturlos. Stratuswolken bestehen aus Wassertröpfchen und bei tiefen Temperaturen auch aus Eiskristallen.

Abb. 3.5: *Altostratus & Cirren*

3.10.4 Cumulus

Cumulus (lat. Anhäufung) auch Schönwetterwolken genannt, sind dichte und scharf voneinander abgegrenzte Wolken. Sie entstehen durch aufsteigende Luftmassen (Thermik). An der Unterseite weisen die meisten Cumuluswolken eine glatte Grenze auf, die verhältnismäßig dunkel erscheint. Auf La Palma kann man häufig beobachten, dass sich die entstehenden Cumuli, speziell im Westen, ab Mittag zu einer kompakten Wolkenschicht vereinen.

Bei starken Winden werden sich bildende Cumulus Wolken auseinander gerissen (*Cumulus fractus* Abb. 3.8).

Wolken im Lee: In Abb. 3.6 fegt ein starker Wind über die Cumbre Vieja und drückt eine Wolke *(Föhnmauer)* über den Gebirgskamm. Weiter unten rechts beobachtet man Wolkenbildung infolge aufsteigender Thermik. Die sich bildenden Cumuli werden vom Fallwind regelrecht eingedellt und weggedrückt.

Abb. 3.6: *Föhnmauer*   **Abb. 3.7:** *Rotorwolke*

In Abb. 3.7 ist ebenfalls eine Leesituation sichtbar. Der Wind bläst von links über die Cumbre Vieja. Die Wolke auf der rechten Seite entsteht aus den aufsteigenden Luftmassen in einem Leerotor. In Abb. 3.8 ist eine weitere Föhnlage dargestellt. An diesem relativ trockenen Tag bildeten sich keine Wolken über dem Gebirgskamm.

Abb. 3.8: *Starker Wind im Lee und Cu fractus*

3.11 Niederschlag

Der meiste Niederschlag fällt im Winterhalbjahr, von Oktober bis März. Das sind auch die Monate, in welchen die von Westen aufziehenden Wetterfronten Regen auf der Westseite der Insel bringen. Die niederschlagsreichste Zone ist der Osten, wo die Passatwinde die feuchte Luft die Berge hochstreichen und abregnen lässt. Am trockensten ist der Süden von La Palma.

Eine Regenfront kündigt sich auf La Palma vielfach schon einen Tag vorher an und zwar mit der Bildung von Föhnwolken, sogenannten Cumulus Lenticularis (Seite 78). Trifft eine Regenfront dann auf die Insel, kommt es schnell lokal zu sintflutartigen Regenfällen. Dazu kommt meist noch starker Wind und manchmal erscheint es, als ob es horizontal regnen würde. Erst wenn die mit den Regenfällen aus der Caldera ausgeschwemmte Erde auf der Meeresoberfläche einen dunklen Fleck vor Puerto de Tazacorte bildet sagt der Palmero, dass es ausreichend regnete.

Gleich wie bei der Windprognose versagen auch beim Regen die meisten Prognosemodelle, weil sie die Gestalt der Insel nicht berücksichtigen. Als einigermassen verlässlich haben sich das CALIOPE Modell des Barcelona Supercomputers (BSC) und auch die Prognose von eltiempo.es erwiesen. Die Anleitung zum Erstellen einer Regenprognose findet sich auf Seite 55.

3.11.1 Chirizo

Feiner Niederschlag, der sogenannte *Chirizo*, bildet sich dann in den oberen Berglagen von La Palma, wenn die Sonne den Boden erwärmt hat, feuchte Meeresluft die Hänge hochstreicht und kondensiert. Dabei trägt die Luft auch Salzkeime vom Meer mit sich hoch. An diese kann sich die Feuchtigkeit anlagern und das führt zur feinen Tropfenbildung. Dieser „Thermik-Chirizo" kann sich nur dann bilden, wenn die Inversion hoch, oder nicht sehr ausgeprägt ist und die Wolkenschicht entsprechend dick werden kann. Eine andere Art, der „Föhn-Chirizo", bildet sich bei hoher Inversion und starkem Föhn, wenn der Wind auch Feuchtigkeit über die Cumbre verfrachtet.
Weil der feine Niederschlag des Chirizo meist nur in den Bergen erfolgt, beschert er La Palma immer wieder sehr schöne Regenbogen.

3.12 Wetterfronten

3.12.1 Warmfront

Als *Warmfront* gleitet die warme Luft auf die kältere Polarluft auf. Die aufsteigende Warmluft kühlt sich dabei ab und kondensiert bei Erreichen des Taupunktes zunächst in großer

Höhe (hohe Schichtwolkenbildung). Die Neigung der Frontschicht ist mit etwa 1:100 sehr gering. Die Front kann deshalb nicht maßstabsgerecht dargestellt werden. Die Wolkenmasse kann eine Breite von 1.000 km und eine Länge von mehreren tausend Kilometern erreichen. Die Vorboten der Warmfront sind Cirren (Ci), die sich zunehmend verdichten und in eine Cirrostratus (Cs) Bewölkung übergehen.

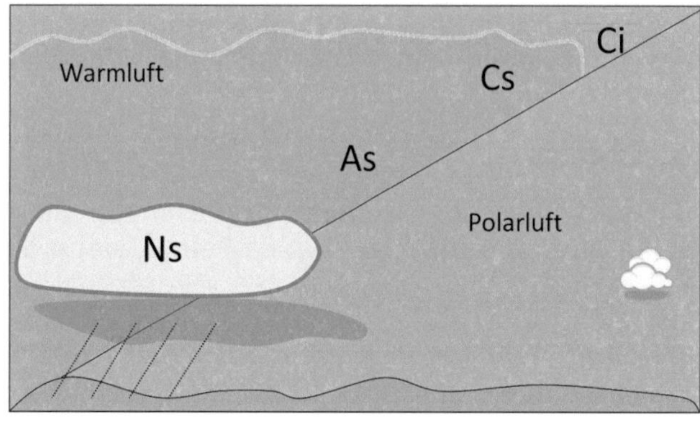

Abb. 3.9: *Warmfront*

Die Wolkenuntergrenze der aufgleitenden Warmfront sinkt nun langsam immer mehr und wandelt sich zur Altostratus (As) Bewölkung. Es wird zunehmend dunkler, allmählich setzt Regen ein. Es vollzieht sich der Übergang zur Nimbostratus (Ns) Bewölkung.

3.12.2 Kaltfront

Bei der schnell herannahenden *Kaltfront* verdrängt die einfließende und schwerere kalte Luft die Warmluft nach oben. In den so schnell steigenden warmen Luftmassen bilden sich Wolken und in der Regel zum Teil kräftige Gewitter. Die Kaltfront weist eine größere Neigung als die Warmfront auf. Die Wolkenmasse ist deshalb mit einer mittleren Breite von rund 100 km viel kleiner als bei der Warmfront. Ein

Kaltfrontaufzug ist vom Boden aus meist nicht durch Wolkenaufzug zu erkennen. Bei zunächst oft noch blauem Himmel setzten plötzlich 20 – 30 km vor der Front heftige Böen mit Windgeschwindigkeiten von deutlich über 40 km/h ein. Durch die hohe Energie der kalten Luft, deren Geschwindigkeit und Überraschungspotential, bilden aufziehende Kaltfronten große Risiken für im Freien ausgeübte Sportarten.

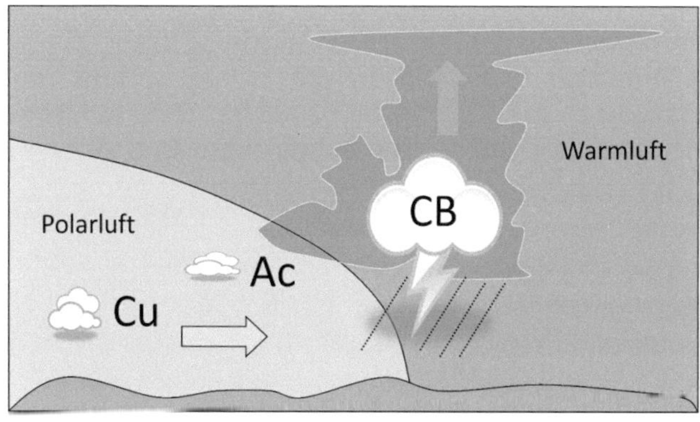

Abb. 3.10: *Kaltfront*

Wenn die Warmluft sehr labil und vor allem feucht ist, können sich bereits vor dem Eintreffen der Polarluft gefährliche Gewitterlinien, sogenannte Squall Lines bilden.

Die Aktivität der Kaltfront wird von der Feuchtigkeit der Warmluft bestimmt. Dieselbe Kaltfront kann also, wenn sie trockene Luft anhebt, schwach ausfallen, wenn sie aber feuchte Luftmassen anhebt, sehr heftig sein.

Überquert eine Kaltfront La Palma, so trifft diese meist auf der Westseite auf die Insel. Darum ist dann der Regenfall im Westen, bedingt durch die orographische Anhebung stärker, im Osten nimmt die Regenmenge ab, die Windstärke durch Fallböen aber stark zu. Solche Wetterlagen führen vielfach zu einer vorübergehenden Schließung des Flughafens.

3.12.3 Okklusion

Holt die Kaltfront die Warmfront ein und gleitet unter diese, dann spricht man von einer *Okklusion*. Wenn die Luft der „Warmfront" zwischenzeitlich sogar relativ kälter als die der herannahenden Kaltfront sein sollte, geschieht das Gegenteil. Die Kaltluft gleitet dann auf die noch kältere Luft auf. Man spricht dann von einer *Okklusion mit Warmfront Charakter*.

Schiebt hingegen die herannahende Kaltfront die wärmere und leichtere Warmluft in die Höhe, spricht man von einer *Okklusion mit Kaltfront Charakter*. Das Wettergeschehen entwickelt sich ähnlich wie bei einer Kaltfront.

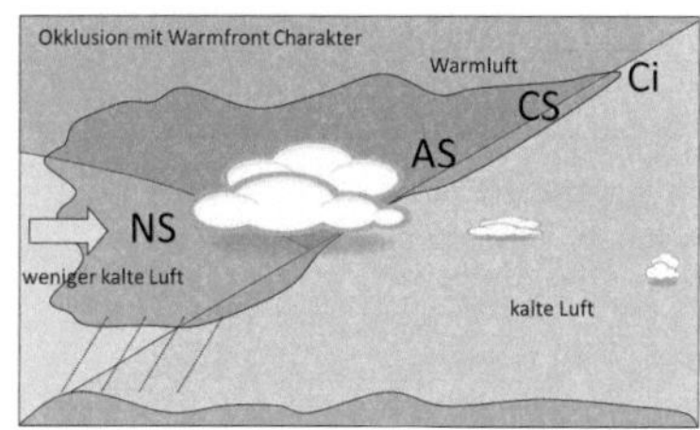

Abb. 3.11: *Okklusion warm*   **Abb. 3.12:** *Okklusion kalt*

3.13 Wind

Luftbewegungen entstehen immer durch Druckunterschiede und Druckunterschiede durch Temperaturunterschiede. Die Natur ist stets bestrebt einen Ausgleich zu finden. Der Wind weht deshalb vom hohen Druck zum tiefen Druck. Je größer die Druckdifferenz, desto größer ist auch die Windstärke. Die dabei auftretende Kraft wirkt immer rechtwinklig zu den Isobaren. So gesehen müsste der Wind eigentlich direkt vom Hoch ins Tief fließen.

Der Wind ist aber noch einer weiteren Kraft unterworfen, die aus der Rotation der Erde resultiert. Diese Kraft lenkt die Luftmassen, die vom Äquator aus Richtung Norden fließen, auf der Nordhalbkugel nach „rechts" (nach Osten) ab und heißt *Corioliskraft.*

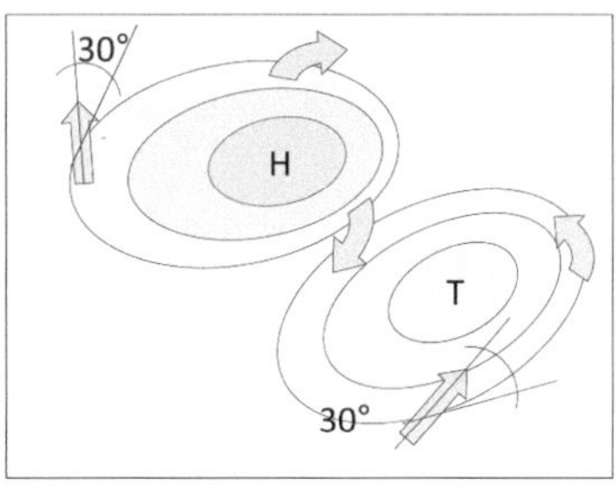

Abb. 3.13: *Windablenkung*

Luftmassen am Äquator bewegen sich mit der Erdrotation und haben damit eine Geschwindigkeit von fast 40.000 km pro Tag in Richtung Osten. Demgegenüber haben die Luftmassen direkt am Nordpol eine Geschwindigkeit von Null. Strömen nun Luftmassen direkt vom Äquator nach Norden, dann nehmen sie ihre hohe Eigengeschwindigkeit in Richtung Osten mit, was zu einer „Rechtsdrehung" der Windrichtung in nördlicheren Gebieten führt. Das umgekehrte geschieht mit den vom Nordpol nach Süden fließenden „langsamen" Luftmassen, sie bleiben gegenüber der Erddrehung relativ gesehen zurück und fließen nach links in Richtung Westen. Zusätzlich wird der Wind in Bodennähe durch die Bodenbeschaffenheit mehr oder weniger gebremst. Aufgrund der Bodenreibung weht der Wind nicht wie allgemein angenommen parallel zu den Isobaren, sondern schneidet diese in einem Winkel von etwa 30°. Dieser Reibungseinfluss ist oberhalb etwa 1.000 m über Grund nahezu aufgehoben. Darunter bewirkt er, dass die Windstärke bis zu 50 % abnehmen kann. Das bedeutet, dass ein Bodenwind aus 90° mit einer Geschwindigkeit von 15 kn mit zunehmender Höhe nach rechts dreht und etwa 1.000 m über Grund dann mit etwa 30 kn und aus einer Richtung von 120° weht. Die Windablenkung durch die hohen Berge auf La Palma ist verantwortlich für viele gegenüber dem Hauptwind abweichenden Windrichtungen.

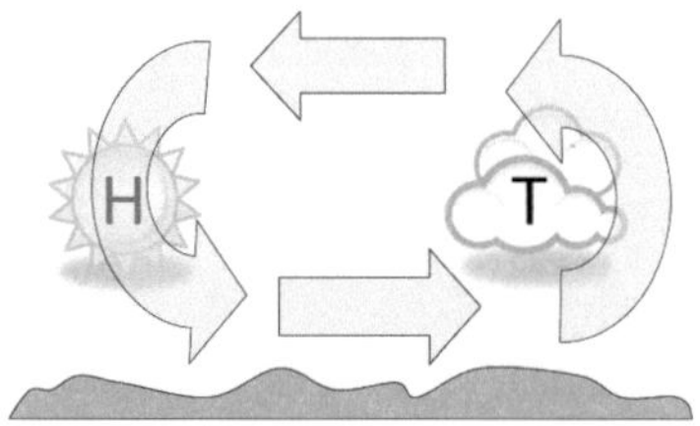

Abb. 3.14: *Zirkulation vertikal*

Der Wind fließt vom Hoch ins Tief. Das Tief füllt sich so mit Luft auf. Der Zustrom an Luft steigt nach oben weg. Das Hoch hingegen ersetzt die abfließende Luft aus der Höhe, so entsteht ein Kreislauf.

Die Windstärke wird in verschiedenen Maßeinheiten angegeben. In der Meteorologie gebräuchlich sind Knoten. 1 kn = 1,852 km/h. Faustregel zum Umrechnen: (Knoten x 2)-10% ergeben km/h. Beispiel: (12 kn x 2)-10% = 21,6 km/h.

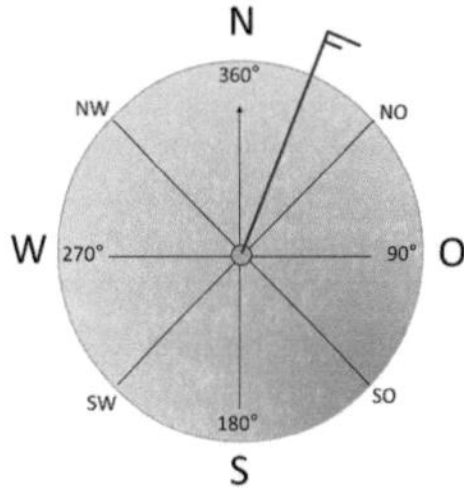

Abb. 3.15: *Windrose*

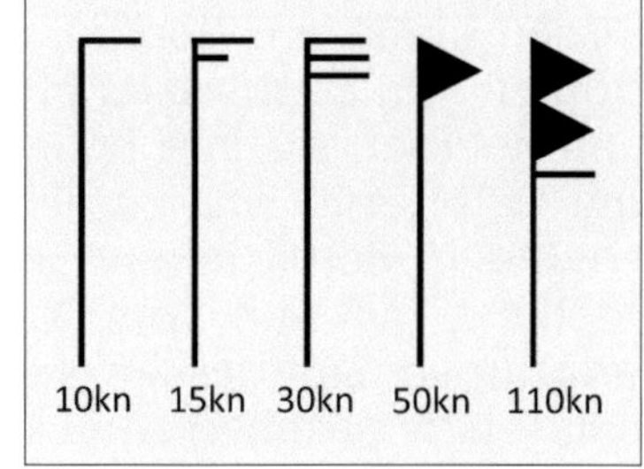

Abb. 3.16: *Windpfeile*

Windrichtung und Windstärke werden mit sogenannten Windpfeilen dargestellt. Um die Windrichtung festzustellen, stellt man sich am besten eine Windrose um den Pfeil vor. Der Windpfeil steckt dann wie eine Stecknadel in der Mitte der Windrose. In Abb. 3.15, weht ein NNO Wind.

Die Windstärke wird mit den entsprechenden Strichen oder Dreiecken markiert. Ein ganzer Strich entspricht 10 kn, ein halber 5 kn, ein Dreieck 50 kn. Die Markierungen werden zusammengezählt und ergeben die Windstärke in Knoten.

3.13.1 Globale Windzirkulation

Während die Pole infolge stetig absinkender Luftmassen hochdruckbestimmt sind, findet sich am Äquator aufgrund der dort ständig aufsteigenden warmen Luftmassen ein permanenter Tiefdruckgürtel. Zwischen dem 30. Breitengrad und dem Äquator wehen die *Passatwinde*. Auf der Nordhalbkugel ein NO-Passat, auf der Südhalbkugel ein SO-Passat. Der Passat ist der am häufigsten anzutreffende Wind auf den Kanaren.

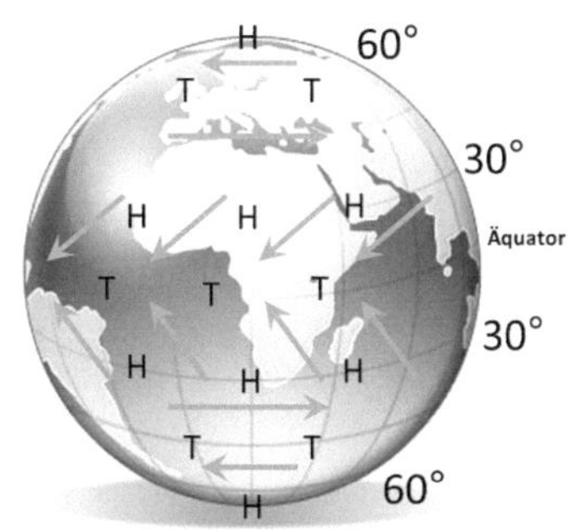

Abb. 3.17: *Globale Winde*

3.13.2 Land- und Seewind

Auf dem Land wird die Luft bei Sonneneinstrahlung stärker erwärmt als über dem Wasser. In warmer Luft nimmt der Druck in zunehmender Höhe langsamer ab als in kalter Luft. Es entsteht ein kleines schwaches Hoch in der Höhe über dem Land und ein kleines Tief in der Höhe über dem Wasser. Die aus dem Hoch abfließende Luft bewirkt am Boden einen Druckabfall (kleines Hitzetief). Die so entstehende bodennahe Ausgleichsströmung wird *Seewind* genannt.

In der Nacht kühlt sich die Luft über dem Land stärker ab als über dem Wasser. Mit zunehmender Abkühlung schläft zuerst der Seewind ein, danach dreht sich das Zirkulationssystem und ein Wind fließt nun in den tiefen Schichten von den Bergen auf das Wasser. Dieser Wind wird *Landwind* genannt. Wenn am nächsten Morgen die Sonne aufgeht, schwächt sich der Landwind langsam ab und geht dann wieder in Seewind über.

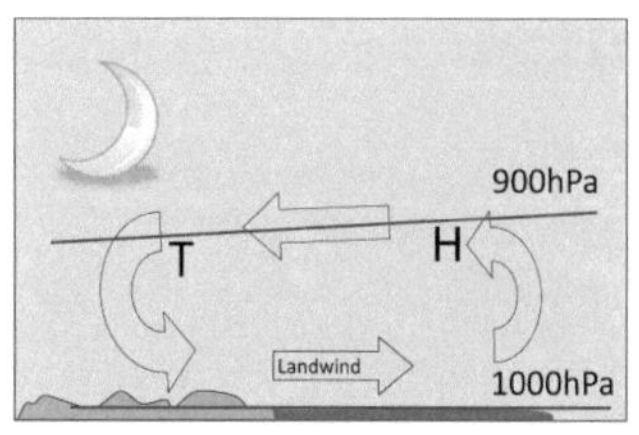

Abb. 3.18: *Landwind*

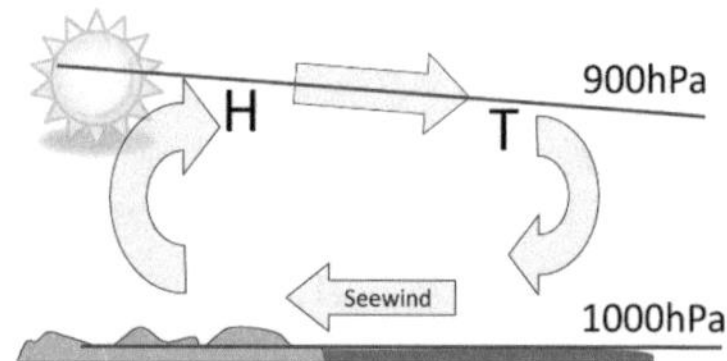

Abb. 3.19: *Seewind*

3.13.3 Konvergenz und Divergenz

Fließen Luftmassen aufeinander zu und steigen dann so gezwungenermaßen auf, spricht man von *Konvergenz*. Konvergenzlinien werden als schwarz gestrichelte Linien in der Wetterkarte eingetragen. Diese Linie ist durch verstärkte Wolkenbildung, Labilität und Feuchtigkeit, verbunden mit Regen oder vielfach auch Gewitter, charakterisiert. Auf La Palma entstehen bei Wind an vielen Stellen Konvergenzen und Divergenzen. Eine zum Beispiel bei Passat im Süden. Auf dem Vulkan San Antonio in Los Canarios (Fuencaliente) kann die Windstärke schnell 70 km/h betragen und dies an einem normalen Passatwind Tag mit vorausgesagten 35 km/h NO-Wind (rd. 20 kn).

Fließen Luftmassen auseinander, spricht man von *Divergenz*. Auch sinkende Luftmassen divergieren. Dabei kommt es zu Wolkenauflösung und einer Stabilisierung der Luft. Divergenzen entstehen zum Beispiel an Hochdruckrücken. Divergenzen und Konvergenzen entstehen auch beim Umfließen von Hindernissen im Gebirge, oder in Folge von Geschwindigkeitsunterschieden aufgrund unterschiedlicher Bodenreibung z.B. über Meer und Land.

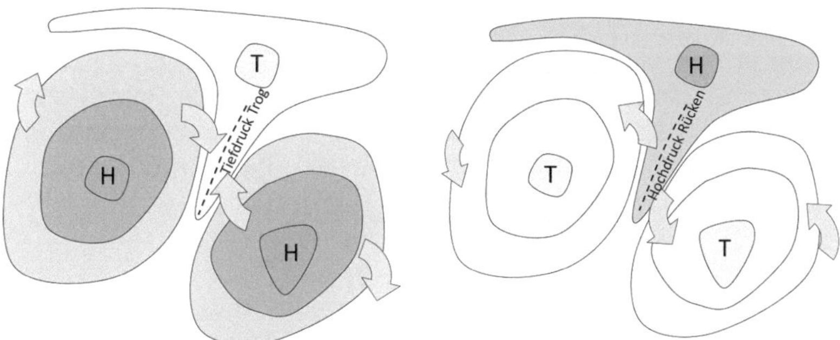

Abb. 3.20: *Konvergenz*   **Abb. 3.21:** *Divergenz*

In der folgenden Grafik sind Isohypsen eingetragen. Im Gegensatz zu den Isobaren, die Linien gleichen Druckes darstellen, sind Isohypsen Linien gleicher Höhe so wie die Höhenlinien auf einer Landkarte.

In Abb. 3.22 auf 500 hPa, also rund 5.500 m. Man bezeichnet eine solche Karte auch als Höhenkarte. Im Gebiet wo der Isohypsenabstand stark abnimmt (Konvergenz) oder stark zunimmt (Divergenz), muss mit Böen und Turbulenzen gerechnet werden.

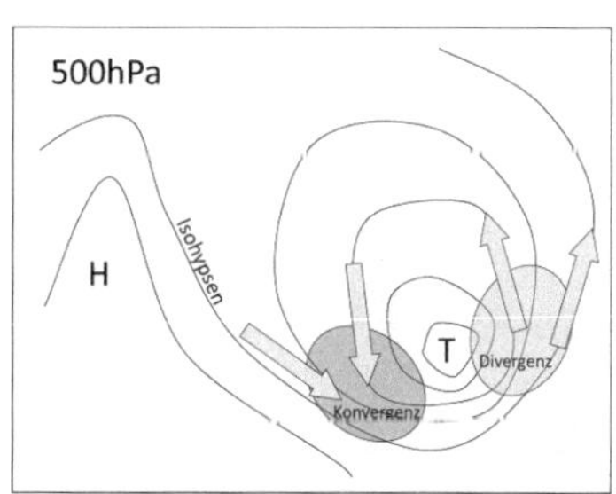

Abb. 3.22: *Höhenkarte*

3.13.4 Venturi Effekt

Fließt Luft mit einer konstanten Geschwindigkeit durch ein Rohr mit einer Verengung, dann wird sie sich dort beschleunigen. Halbiert sich der Querschnitt, dann wird dort eine Verdoppelung der Geschwindigkeit gemessen. Diese Gesetzmäßigkeit hat der Italiener *Venturi* als erster beschrieben. Der *Venturi Effekt* kann uns auch in einem sich verengenden Tal beschäftigen. Halbiert sich der Taleinschnitt, so verdoppelt sich die Windgeschwindigkeit. Das gleiche gilt bei sinkender Inversion mit den Leewirbeln auf La Palma. Halbiert sich durch eine sinkende Inversion das Luftvolumen, dann verdoppelt sich auch hier die Windgeschwindigkeit.

3.13.5 Kármán Wellen

Kármán[2] *Wellen* sind Luftwirbel, die sich hinter großen Hindernissen wie Inseln bilden können und dann tausende von Kilometern weitergetragen werden. Sie entstehen unter anderem auch hinter Drähten, wo sie für das „Singen" von Strom- und Telefonleitungen verantwortlich sind. In Abb. 9.2 auf Seite 76 sind Kármán Wellen hinter Madeira und den Kanarischen Inseln durch deren Wolkenbildung gut sichtbar. Kármán Wellen entstehen regelmäßig auf der Leeseite von Hindernissen und beeinflussen auch die lokale Windrichtung im Lee der Inseln.

3.14 Föhn

Die Bezeichnung *Föhn* stammt vom Wort *favonius* ab. Favonius hieß im alten Rom der Windgott. Als favonius wurde auch der warme Wüstenwind aus Nordafrika bezeichnet. Föhn wird heute als Sammelbegriff für warme und trockene Fallwinde gebraucht. Föhnwinde treten in vielen Gebirgen weltweit auf. Stärkere Winde führen auf La Palma vielfach zu einer ausgeprägte Föhnsituation.

Damit eine Föhnströmung entstehen kann, braucht es einen Wind, der über die Berge fließt. Feuchte Luft steigt an den dem Wind zugewandten Hängen (Luv) auf, kühlt sich dabei ab, die enthaltene Feuchtigkeit kondensiert und es bildet sich eine Staubewölkung. Die sich im unteren Bereich stau-

---

[2]Theodore von Kármán (1881-1963), Ingenieur und Pionier moderner Aerodynamik und Luftfahrtforschung.

enden Luftmassen fließen mit großer Geschwindigkeit über den Bergkamm hinweg und sinken auf der dem Wind abgewandten Seite (Lee) wieder ab. Während des Absinkens nimmt die Dichte der Luft wieder zu, sie erwärmt sich und etwaige Wolken lösen sich auf.

Über El Paso bildet sich bei einer solchen Wetterlage häufig ein sogenanntes *„Föhnloch"*, eine Wolkenfreie Zone. Sie bildet sich durch absinkende Luft.

Die mit großer Geschwindigkeit über die Berge fließenden Luftmassen geraten infolge der Geländeform in Schwingungen. Zieht auf La Palma eine Regenfront auf, dann kondensiert die Feuchtigkeit an den höchsten Punkten dieser Schwingungen und es bilden sich die typischen linsenförmigen Durchströmungswolken, die *Föhnwolken* oder Cumulus lenticularis (Abb. 9.6; Seite 78).

Im großräumigen Lee auf der Wind abgewandten Seite entstehen so starke Fallwinde und ausgeprägte Rotoren. Föhnwinde können auch auf La Palma plötzlich vom Berg her durchbrechen und zu überaus turbulenten Bedingungen führen. Windgeschwindigkeiten von über 70 kn können dabei erreicht werden. Auf La Palma wurden schon Werte über 150 km/h[3] gemessen. Die Steig- bzw. Sinkwerte in Windrotoren können über 25 m/s betragen!

---

[3] Sturm Delta (2005):
https://en.wikipedia.org/wiki/Tropical_Storm_Delta_(2005)
[Aufgerufen 30. Apr. 2022].

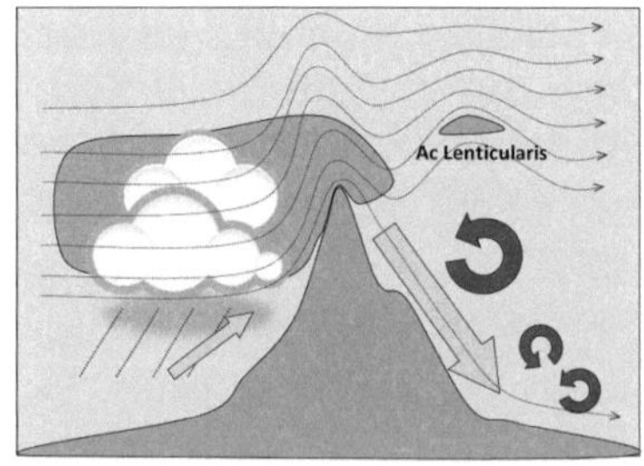

Abb. 3.23: *Klassischer Föhn*

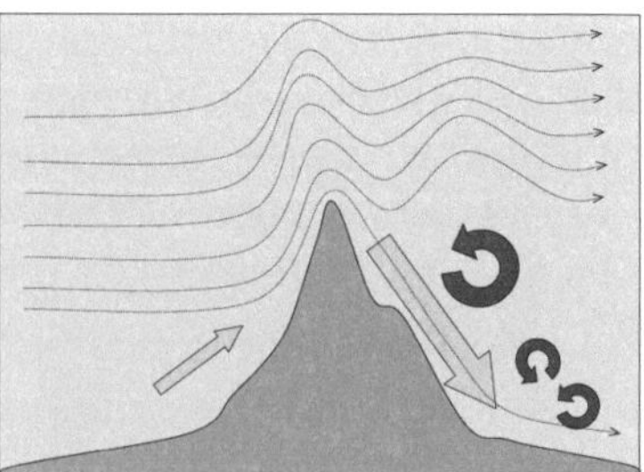

Abb. 3.24: *Trockener Föhn*

3.15 Windsysteme von La Palma

3.15.1 Alisios

Die *Passatwinde* werden auch „Alisios" genannt. Auf La Palma bildet der Nordost-Passat die Hauptwindrichtung.

3.15.2 Levante

Beim *Levante* (levantar: hochheben; wo die Sonne aufgeht) handelt es sich um einen aus Osten wehenden Wind.

3.15.3 Brisa

Die *Brisa* ist ein kalter Bergwind der bei Passatlage im Bereich von El Paso und manchmal bis nach Los Llanos bläst.

4 Wetterlagen auf La Palma

Das Wetter auf La Palma entwickelt sich trotz der vielen Passatlagen sehr vielfältig. Dem genaueren Betrachter zeigt sich schnell, dass kaum ein Tag dem anderen gleicht. Die Windrichtung hat auf La Palma einen entscheidenden Einfluss auf die Wetterentwicklung. Dabei muss zwischen Haupt- und lokalem Wind unterschieden werden.

4.1 Passatlage

Befindet sich der Kern des Azorenhochs direkt über den Azoren, dann sind die Isobaren meist so gekrümmt, dass eine kühlere Luftmasse aus dem Norden zu den Kanaren fließt. Diese streicht viele tausend Kilometer über das Meer und ist deshalb in den unteren Schichten feucht.

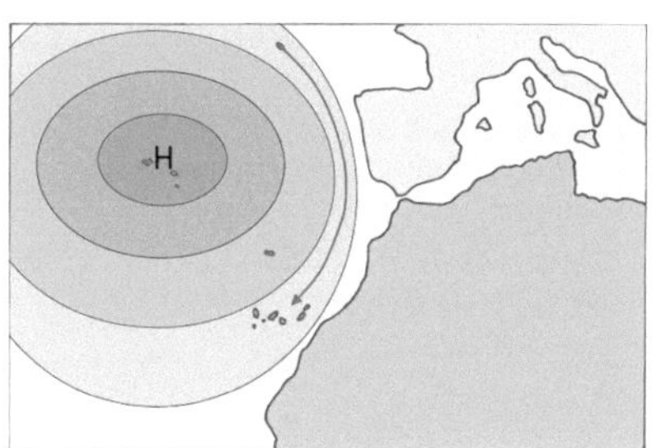

Abb. 4.1: *Azorenhoch*

Der normale Passat weht meist auf Meereshöhe mit 20 kn recht stark aus Nordost, nimmt mit zunehmender Höhe ab, dreht dann vielfach in großer Höhe auf Südwest und wird zum Anti-Passat. Im Hoch sinken die Luftmassen großräumig, was auf La Palma zu einer Inversion führt. Diese liegt im Winter meist auf rund 1.000 m, im Sommer vielfach deutlich tiefer. Trotz des Hochdruckeinflusses ist der Nordosten und manchmal der ganze Osten von La Palma wolkenverhangen und es kann lokal Regnen. Dies weil die feuchte Luft mit dem Passatwind an die Insel gedrückt wird, sich dabei anhebt, abkühlt und dann kondensiert (Abb. 3.23).

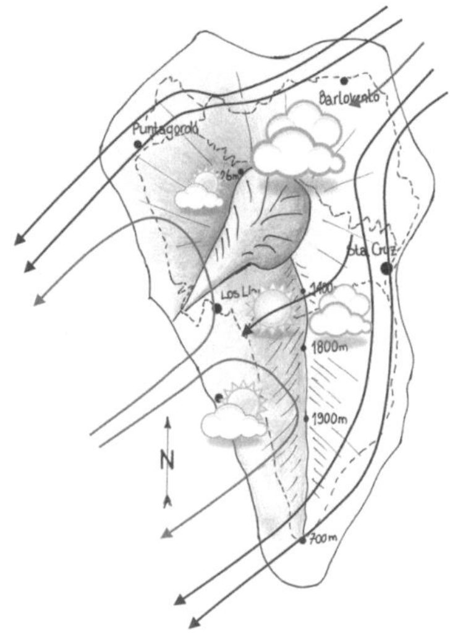

Abb. 4.2: *Passatlage*

Auf der Westseite der Insel ist es freundlicher. Ist der Wind auf 1.000-1.500 m stark und keine oder eine sehr hohe Inversion vorhanden, dann fließt er über die Cumbre Nueva in Richtung El Paso und es können sich Fallwinde bilden, die regional bis zum Meer hinunter reichen (Abb. 4.3). Eine Inversion unter dem Grat kann je nach Stärke den Passat ableiten. Fallwinde im Dreieck El Paso, Los Llanos, Puerto Naos bleiben dann aus (Abb. 4.4).

Aus diesen Gründen ist die Lage der Inversion sehr wichtig. Sie entscheidet manchmal über ruhige Verhältnisse oder Sturmböen von über 100 km/h.

Im Westen formen sich mehr oder weniger ausgeprägte Gegenströmungen. Es kann durchaus sein, dass bei Passat im

Südwesten von La Palma nun ein Nordwind weht, während im Nordwesten ein Südwind vorherrscht (Abb. 4.2).

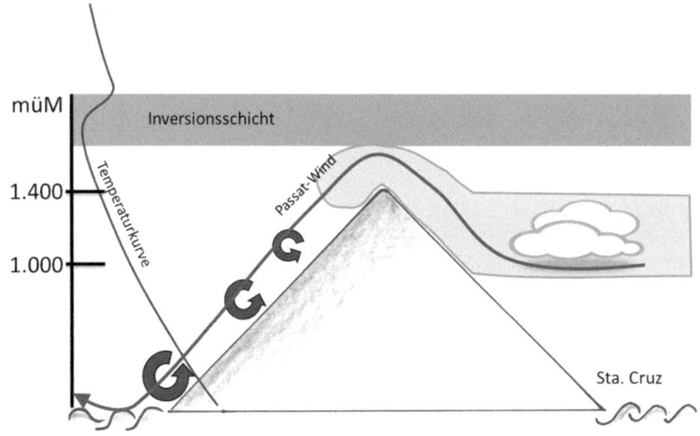

Abb. 4.3: *Hohe Inversion*

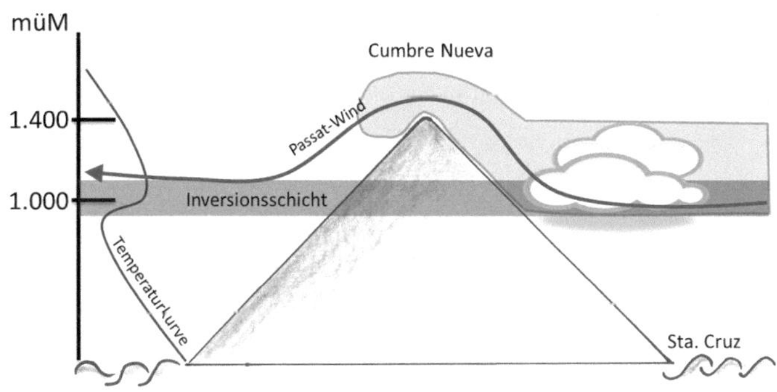

Abb. 4.4: *Tiefe Inversion*

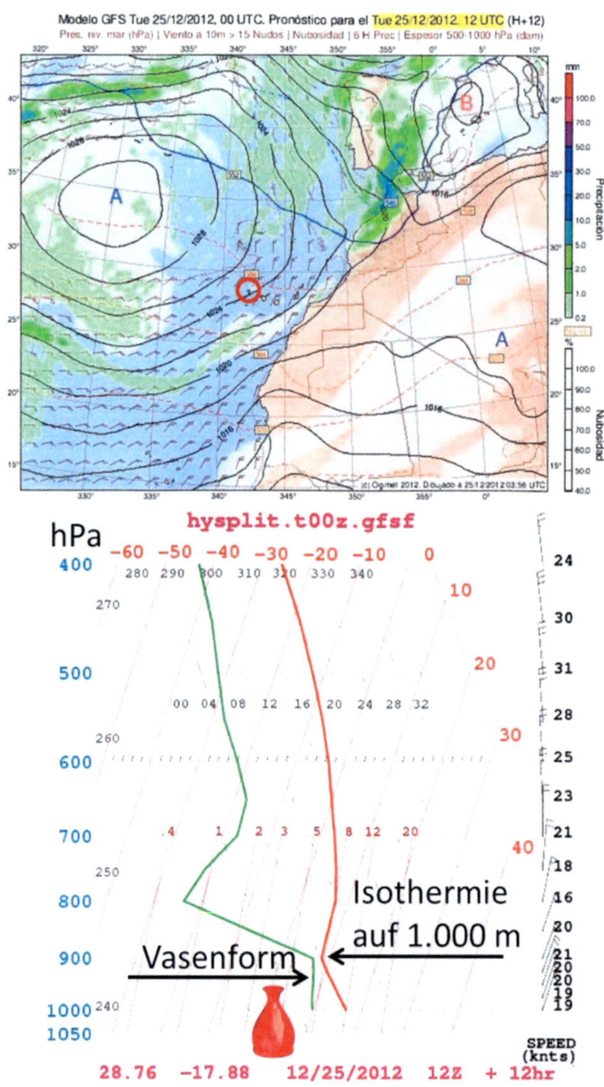

Abb. 4.5: *Passatlage, Emagramm mit typischer Vasenform*

4.2 Levante

Verschiebt sich der Kern des Azorenhochs in Richtung Spanien, dann stellt sich auf dessen Südseite eine Ostströmung ein. Eine warme und trockene Luftmasse erreicht die Kanaren. Die Inversion sinkt und in den Bergen wird es wärmer als am Meer. Speziell im Sommer können die Temperaturdifferenzen extrem werden und innerhalb weniger Höhenmeter abrupt um über 10 °C ansteigen.

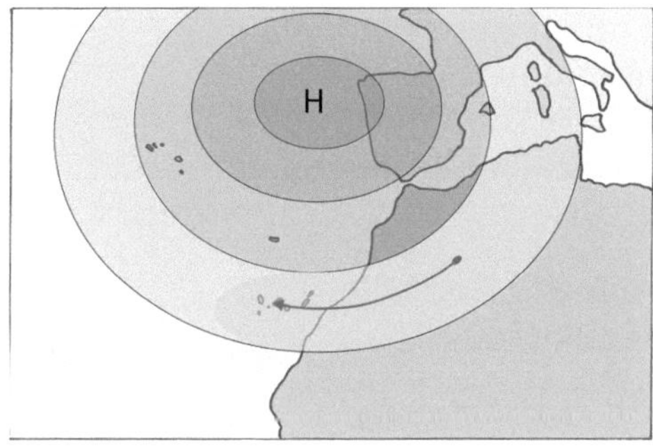

Abb. 4.6: *Levante*

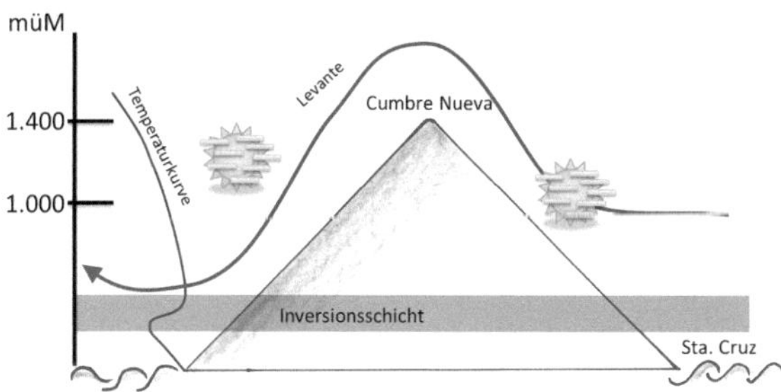

Abb. 4.7: *Levante mit Calima*

Auch ein Ostwind führt auf der Lee-Seite (nun Westseite) zu mehr oder weniger ausgeprägten lokalen Windsystemen. Da die Inversion bei Ostwind meist tiefer liegt, bilden sich bei gleichbleibender Windstärke stärkere Wirbel im Westen aus. Dies weil durch die tiefere Inversion das darunter liegende Luftvolumen kleiner wird. Diese Wirkung wird Venturi Effekt genannt (s. Seite 35).

Dreht der Wind auf Südost, dann fließen meistens trockene Winde aus Afrika nach La Palma (Abb. 4.9). Puerto Naos liegt nun in der Linie von möglichen Fallwinden. Der Wind fließt über Los Canarios direkt nach Puerto Naos. Auch hier ist die Höhe und Intensität der Inversion entscheidend. Die Südostlage ist unberechenbar und speziell für Gleitschirmpiloten gefährlich. Scheinbar aus dem Nichts können extrem starke Böen in Puerto Naos einfallen, die schon Strandstühle und Sonnenschirme ins Meer gefegt haben.

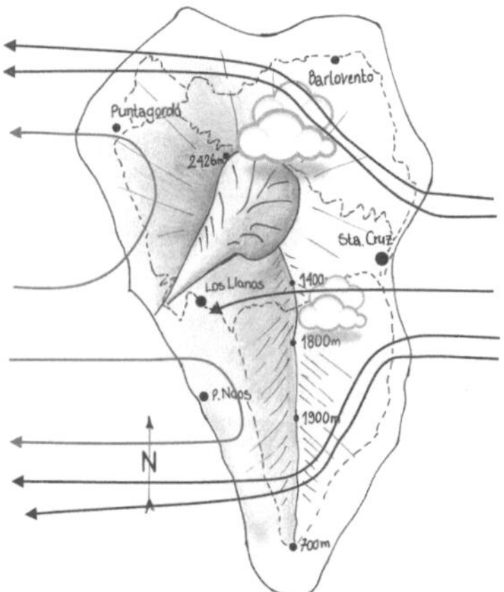

Abb. 4.8: *Ostwind*

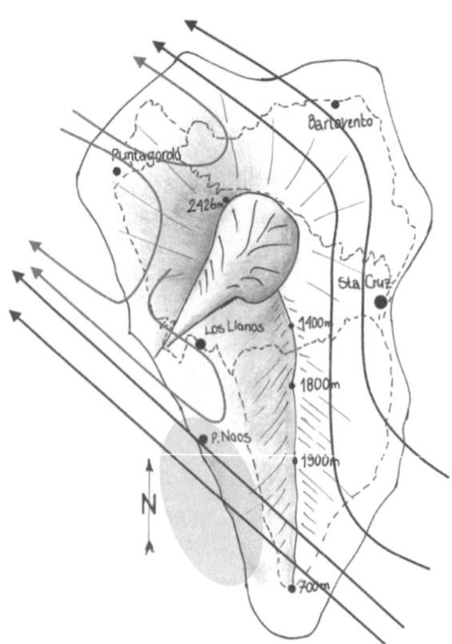

Abb. 4.9: *Südostwind*

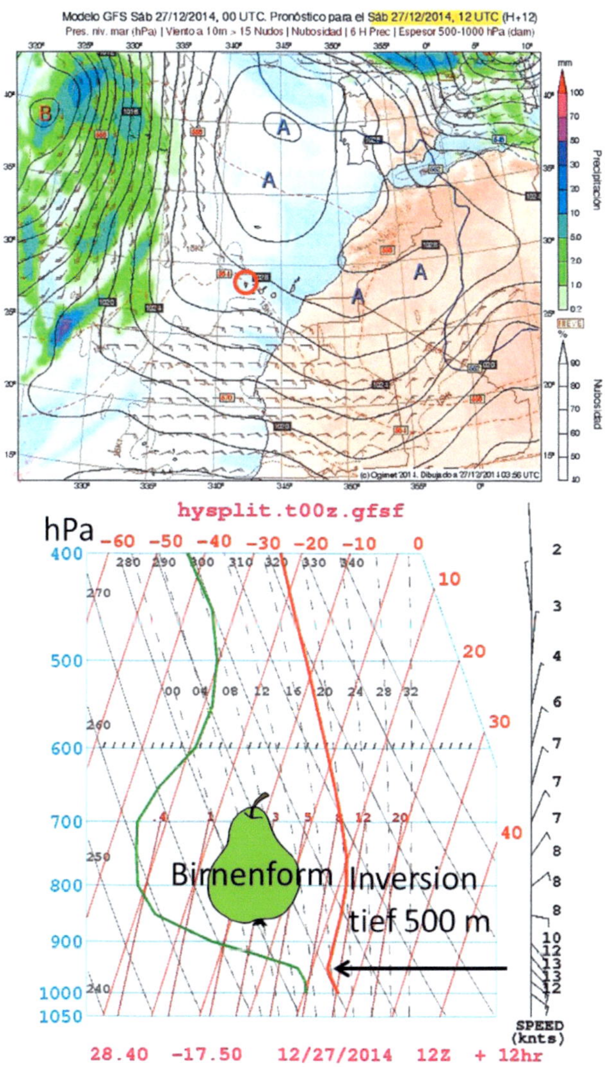

Abb. 4.10: *Südostlage, Emagramm mit Birnenform*

4.3 Calima

Die Wetterlage bei welcher Sand aus der Sahara die Kanaren erreicht, wird *Calima*[1] genannt. Der Calima ist nicht prinzipiell an eine Windrichtung gebunden. Es kann durchaus vorkommen, dass der Saharasand zuerst über Madeira geblasen wird und später mit einem Nordwind, oder wie in Abb. 4.11 sogar aus Westen auf die Kanaren gelangt. Meist jedoch erreicht uns der Calima mit einem Ost- oder Südostwind und bringt neben der schlechten Sicht und den milchigen Sonnenuntergängen auch warme und trockene Luft mit sich. Weil La Palma 500 km von Afrika entfernt ist, fallen die Calimas hier meist schwächer aus als auf den östlicheren Nachbarinseln.

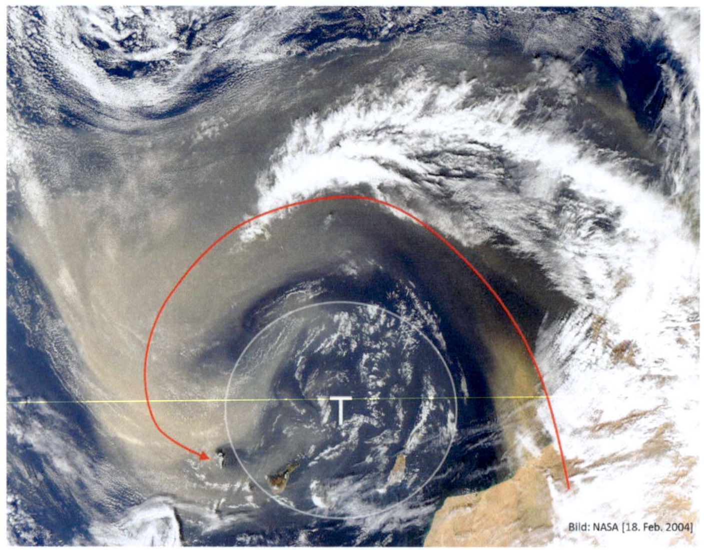

Abb. 4.11: *Calima*

---

[1]Calima Prognose von Apalmet:
apalmet.es/calima/modelocalimawrf [Aufgerufen 30. Apr. 2022].

4.4 Tiefdrucklage

Wird das Azorenhoch durch ein Tiefdruckgebiet abgelöst, dreht der Wind auf La Palma nach Südwest. In einem Tief steigen die Luftmassen großflächig, die Inversion wird weg gemischt. Südwestliche Winde werden auf der Westseite abgebremst. In Puerto Naos ist es schwach windig. Ist im Tiefdruckgebiet eine Kaltfront eingelagert, dann verschlechtert sich das Wetter zunehmend. Der Südwestwind frischt auf und wenn die Front La Palma erreicht, regnet es speziell auf der Westseite stark. Nach dem Durchzug der Front dreht der Wind schnell über West nach Nord. Danach stellt sich meist wieder der Passatwind ein.

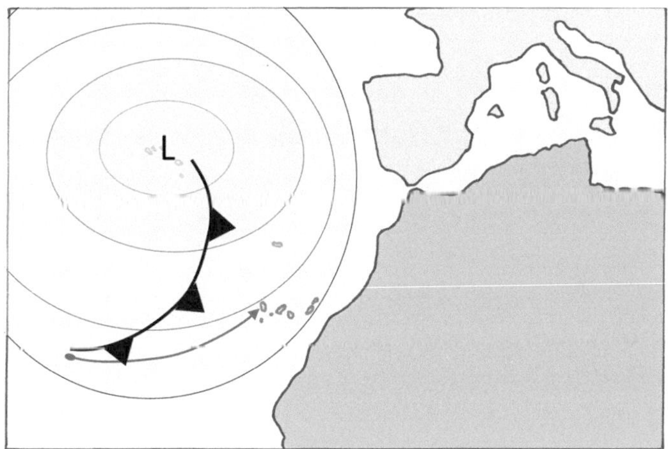

Abb. 4.12: *Tiefdrucklage*

Das Fehlen einer Inversion macht den Weg frei für Fallwinde auf der Ostseite, die nun auch über die höheren Berge wie zum Beispiel den 1.900 m hohen Vulkan Deseada fließen können. Diese Windrichtung führt auf direktem Weg zum Flughafen, was bereits bei schwächeren Südwestwinden zu erheblichen Beeinträchtigungen des Flugbetriebs führen kann. Die Fallböen am Flughafen können Sturmstärke erreichen und ein sicheres Landen der Verkehrsflugzeuge manchmal für längere Zeit verunmöglichen.

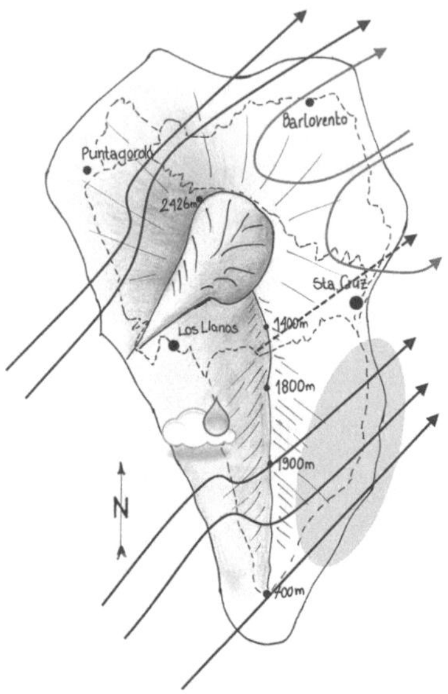

Abb. 4.13: *Südwestwind*

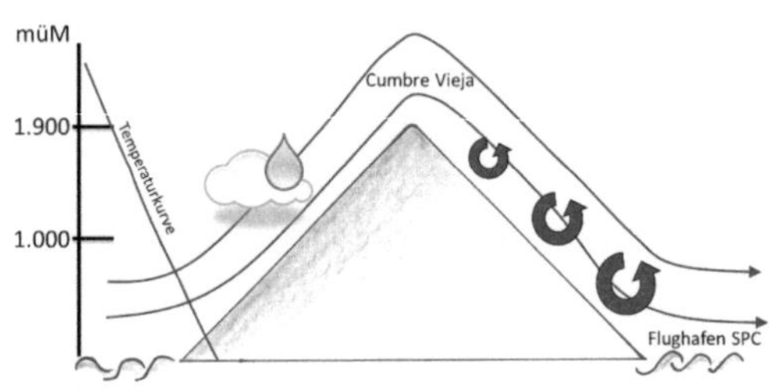

Abb. 4.14: *Fallwinde auf der Ostseite bei Tiefdrucklage*

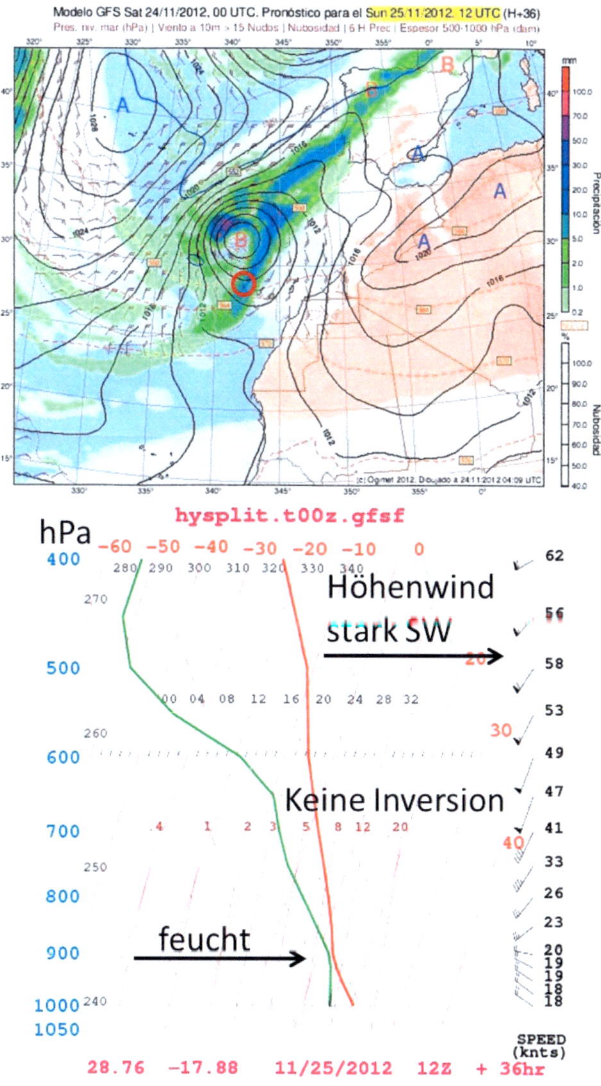

Abb. 4.15: *Tiefdrucklage*

4.5 Zwischenlage

Wenn das sich nähernde Azorenhoch das Tiefdruckgebiet nach Osten wegdrängt, stellt sich eine Zwischenlage ein. Der Wind dreht zuerst auf Nordwest und später auf Nord. Der Nordwestwind beschleunigt auf der Westseite. Das Meer wird rau und ist weiß. In Puerto Naos bläst ein kühler, starker Nordwestwind (Abb. 4.16).

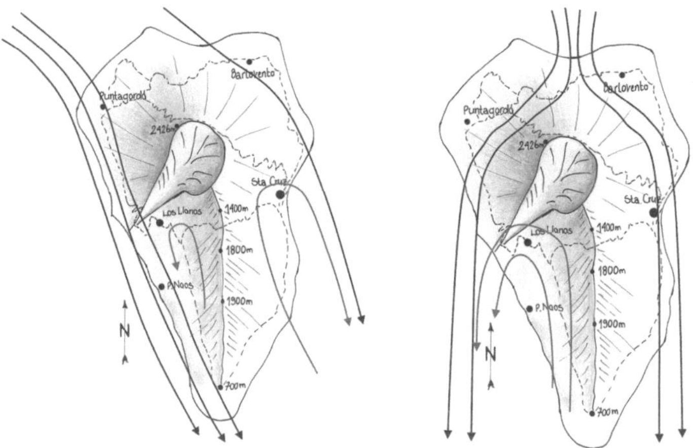

Abb. 4.16: *Nordwestwind*   **Abb. 4.17:** *Nordwind*

Allmählich dreht der Wind auf Nord. Der Bereich Los Llanos, Puerto Naos liegt nun im Lee der Caldera und es stellt sich dort ein Südwind ein (Abb. 4.17). Die Windlinie des Nordwindes mit den Schaumkronen auf dem Meer ist deutlich zu sehen. Je weiter der Wind wieder in die Nordostrichtung dreht, umso stärker entfernt sich diese Windlinie vom Ufer und der Südwindwirbel in Puerto Naos schwächt sich wieder ab.

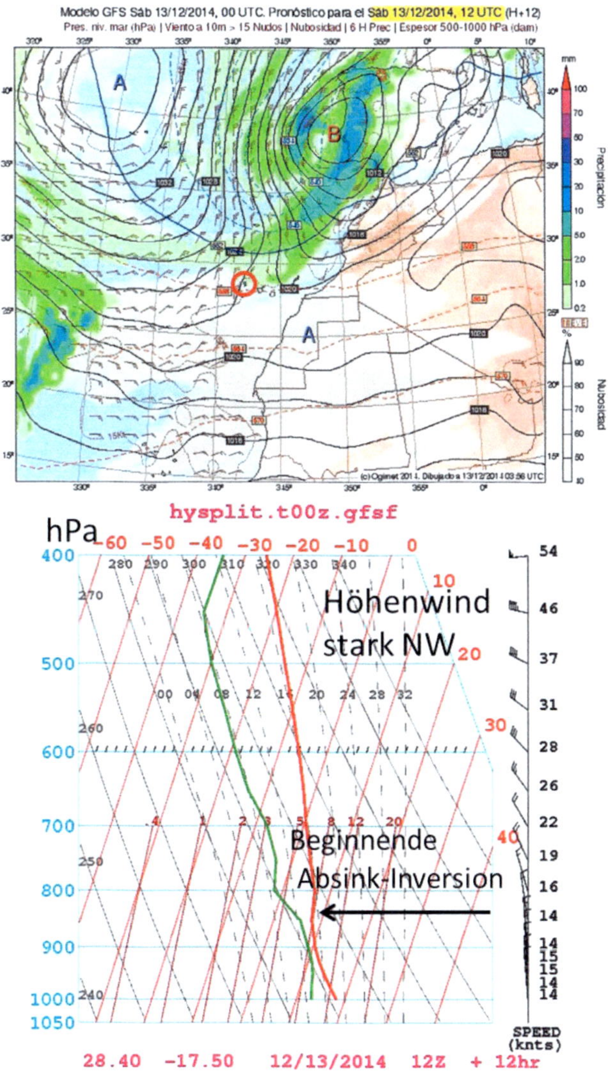

Abb. 4.18: *Zwischenlage*

4.6 Kaltlufttropfen

Beim Kaltlufttropfen handelt es sich um ein Höhentief, meist um die 500 hPa (rund 5.500 m), das die Atmosphäre destabilisiert und auf den Kanarischen Inseln speziell im Winterhalbjahr zu unberechenbarem Wetter führen kann. Vielfach ist auf der Bodenwetterkarte nichts zu erkennen und trotzdem ist das Wetter plötzlich extrem.

Ein Kaltlufttropfen entsteht, indem kalte polare Luft in einer Höhe von rd. 5.000 m - 10.000 m in den Süden fließt und sich dann von der restlichen Kaltluft wie ein Tropfen löst. Die nun runde Kaltluft bewirkt ein Höhentief, dreht sich gegen den Uhrzeigersinn und führt zu großflächigem Aufsteigen der Luftmassen. Die damit hochsteigende feuchte Luft kondensiert, es bilden sich Wolken, lokale Gewitter und zum Teil heftiger Niederschlag.

Die Zugbahn der Höhenkaltluft ist zusätzlich schlecht voraussagbar, die Prognosen entsprechend unsicher.

Solche Höhentiefs erkennt man am besten auf der 500 hPa Höhenwetterkarte (Seite 70) bei Ogimet[2].

Ogimet

---

[2]Ogimet: http://www.ogimet.com/tabla_pred.phtml; Islas Canarias der Link mit der 5.

5 Wetterprognose für La Palma

Die Wetterprognosen für die Kanarischen Inseln beziehen sich meist auf Meereshöhe und berechnen den Einfluss des Geländes auf Wind und Wetter nicht. Aus diesen Gründen sind sie für den aktiven Touristen nur bedingt geeignet. Das Internet bietet aber kostenlos eine Fülle von Informationen an. Damit kann eine gute lokale Prognose erstellt werden.

Um eine Wanderung, Biketour oder andere Außenaktivitäten zu planen, interessieren uns wo und in welcher Höhe über Meer die Aktivität stattfinden soll, sowie folgende vier meteorologische Größen:

- Windrichtung und Windstärke im Höhenprofil
- Höhe und Stärke der Inversion
- Niederschlag
- Bewölkung

5.1 Wind und Inversion

Zum Beurteilen der Windsituation und der Lage der Inversion gehen Sie folgendermaßen vor:

1. Internetpage der NOAA aufrufen:
   http://www.ready.noaa.gov/READYcmet.php
   (QR Code auf Seiten 82, 84).

2. Koordinaten für La Palma eingeben:
   Lat 28.7; Long -17.9 (Minus ist wichtig!); continue.

3. Sounding Modell auswählen (1° oder 0,5°); go.

4. Zyklus auswählen; next.

5. Time to Plot: Anfangszeit eingeben.

6. Animation: Javascript - und bei Duration Anzahl Stunden auswählen.

7. Type: Only to 400 mb.
   (Grafik nur bis 400 hPa rd. 7.000 m berechnen).

8. 6 Buchstaben Code eintippen, Get Sounding.

Die Prognose-Emagramme für den gewählten Zeitraum werden nun berechnet und in einer Animation angezeigt. Über die Schaltfläche „Advance One" kann vor- oder rückwärts geblättert werden.

In Abb. 5.1 findet sich eine Emagramm Prognose mit eingefügten Erklärungen. Am 5. Juli 2015 war ein warmer, trockener Sommertag. Die Prognose bezieht sich auf 12 Z[1] was 13 h Sommerzeit auf La Palma bedeutet. Auf Meereshöhe wurde ein NO Wind mit 18 kn, auf 1.000 m mit 12 kn und auf 2.000 m ein NO Wind mit 8 kn vorausgesagt. Die Temperatur auf Meereshöhe sollte 21 °C, auf 1.000 m 20 °C, auf 2.000 m 19 °C und auf 2.426 m, dem Roque de los Muchachos, noch rund 18 °C betragen. Die Temperaturlinie verändert sich zwi-

---

[1] Z = UTC = Koordinierte Weltzeit.
Entspricht im Winter der Zeit auf den Kanaren.

schen 500 m und 1.500 m kaum, eine Isothermie. An diesem Tag war es Wolkenlos und ein starker Ostwind blies in El Paso beim Besucherzentrum der Caldera auf rd. 800 m. Auf 700 m war es in El Paso windstill. Die Isothermie bremste den Wind. Die Temperatur in El Paso entsprach um 13 h den vorausgesagten 20 °C.

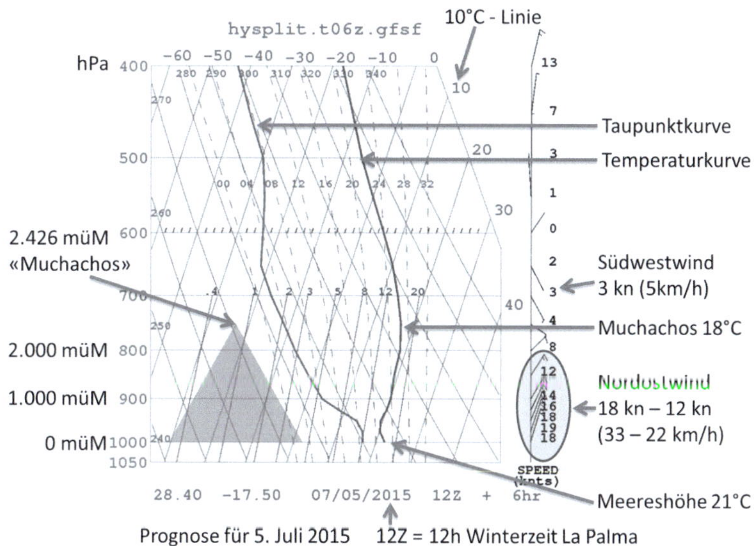

Abb. 5.1: *Erklärung NOAA Emagramm*

5.2 Niederschlag

Regen kann auf La Palma lokal sehr heftig werden. Bei vorausgesagten Regenfronten ist auch bei einer Ausfahrt mit dem Auto Vorsicht geboten, die Sicht in den Bergen kann stark eingeschränkt sein; die Straßen rutschig und Erdrutsche und Steinschläge sind bei Regen häufig. Die Caldera sollte aus diesen Gründen bei und bis 4 Tage nach Regen nicht besucht werden.

Eine Wochenprognose kann mit Windfinder[2] generiert werden. Niederschläge werden dort für einen Zeitraum von jeweils drei Stunden in mm pro m^2 angegeben.

Zum Erstellen einer optischen Regenprognose für La Palma gehen Sie folgendermaßen vor:[3]

1. Internetpage des BSC aufrufen:
    http://www.bsc.es/caliope/es/pronosticos

2. „Pronóstico Metereológico" dann
    „Canarias" anklicken.

3. In der Leiste rechts „Precipitación" anklicken.

Es wird nun eine Abfolge von Prognosen erstellt die man in der unten eingeblendeten Leiste steuern kann.

Auch gut, aber etwas weniger genau in der Auflösung, ist Ogimet (Kap. 8).

5.3 Wolken

Einfache Wolkenprognosen erstellen wir bei der wetterzentrale.de.

Über den untenstehenden Link[4] (Meteogramm) erhalten wir ein Meteogramm, das ist ein Prognosediagramm für eine Woche (Abb. 8.3; S. 73). Der oberste Abschnitt betrifft die Bewölkung. Tiefe Bewölkung ist unter dem Grat der Cumbre Vieja, also unter 2,000 m mittlere und hohe Bewölkung darüber. Das Meteogramm gibt also einen brauchbaren Überblick, ob bei einer Wanderung mit viel Sonne gerechnet werden muss.

---

[2] http://www.windfinder.com/forecast/la_palma/
   [Aufgerufen 30. Apr. 2022].
[3] Weitere Regengrafik unter: https://www.eltiempo.es/canarias/lluvia/
[4] https://meteoexploration.com/static/charts/figures/meteogramgfsTAB.png
   [Aufgerufen 30. Apr. 2022]

Wolkenbildung kann man auch mit dem Emagramm berechnen. Dies ist komplex und geht über das in diesem Buch vermittelbare Wissen hinaus.

Eine genaue Anleitung findet man im Wetterbuch „Donnerwetter" (Kap. 11).

BSC

El Tiempo

Meteogramm

6 Wanderwetter

Bei allen Wanderungen gilt, dass man sich vorgängig über die Begehbarkeit informieren muss. Die Internetseite *senderosdelapalma.com* enthält Informationen über den Zustand des Wanderwegnetzes und auch in den Touristen-Informationszentren kann man sich erkundigen. Nach starken Regenfällen sollte man für Wanderungen in Taleinschnitte, wie in die Caldera oder den Barranco de la Madera, einige Tage verstreichen lassen.

6.1 Caldera de Taburiente

Der Nationalpark Caldera de Taburiente ist windgeschützt. Auch stärkere Winde werden meist abgeschwächt. Es ist selten, dass tagsüber kalte Luft über den Muchacho bis runter zur Playa Taburiente fließen kann. Falls Sie in der Caldera übernachten wollen, empfiehlt sich ein Zelt oder mindestens einen guten Schlafsack mitzunehmen. Infolge einsetzendem Bergwind, durch die Abkühlung der hohen Felswände, sind kalte windige Nächte häufig.

Wer nur eine Tageswanderung plant, sollte auf Niederschlag achten. Bei Regen und bis 4 Tage nach stärkerem Regen sollte man die Caldera und auch alle anderen Wanderungen in Schluchten meiden. Regen führt vielfach zu Steinschlag und das Wasser kann im engen Flussbett schnell und stark ansteigen. Bei Unsicherheit informieren Sie sich über die Begehbarkeit der Wege bei einem Parkwächter oder im Büro des Nationalparks in El Paso.

6.2 Vulkanroute

Die Vulkanroute vom Refugio el Pilar bis Los Canarios (Fuencaliente) verläuft meist auf dem Grat. Wind, Wolken, Temperaturen und Niederschlag sind deshalb zu beachten. Die Windwerte und die Temperaturen auf 2.000 m entnehmen wir dem Emagramm (S. 54), die Bewölkung aus dem Meteogramm (S. 56) und Niederschlag aus der Wochenprognose (S. 55).

Die Vulkanroute sollte an dem Tag mit den tiefsten Windwerten auf 2.000 m geplant werden. Nur bei Nordwind ist ein Teil der Route vom Roque de los Muchachos geschützt und die Windwerte tiefer. Bei allen anderen Windrichtungen führen vorausgesagte Windwerte von 10 kn oder mehr über dem Grat (auf 2.000 m; 800 hPa) zu noch stärkerem und die Wanderung beeinträchtigenden Wind.

Meistens ist bei schwächerem Wind und guter Inversion auf rd. 1.000 m der größte Teil der Vulkanroute außerhalb von Wolken, da ein großer Teil des Weges über 1.500 m verläuft. Das Refugio El Pilar oder der Teil des Weges nach Los Canarios können sich im Nebel befinden, was die Orientierung erschwert.

Mit zunehmender Windstärke und höherer Feuchtigkeit steigt die Wahrscheinlichkeit, dass sich auch über der Cumbre Vieja eine Wolke bildet. Dann kann es sein, dass die gesamte Wanderung in Wind und Nebel verläuft.

6.3 Los Tilos im Nordosten

Der Wald von Los Tilos ist gut windgeschützt, weil der Passat dort abbremst, aber Los Tilos ist bei Staubewölkung regenanfällig. Vor der Wanderung empfiehlt es sich eine optische Regenprognose herzustellen (S. 56) und dann in der Bildabfolge den Bereich von Barlovento / Los Tilos genauer zu beobachten.

6.4 Cubo de la Galga

Die schöne Waldwanderung im Cubo de la Galga befindet sich auch im Nordosten der Insel, unweit von Los Sauces und dem Lorbeerwald von Los Tilos. In bezug auf das Wetter gelten die gleichen Informationen wie bei Los Tilos Kap. 6.3.

6.5 Fuente de la Zarza

Bei der Fuente de la Zarza im Norden beginnt ein sehr schönen Wanderweg im Wald, der hinunter nach Don Pedro auf 450 m führt, aber auch kleinere Runden zulässt. Stärkere Passatwinde, speziell wenn sie aus Richtung NNO wehen, beschleunigen sich im Norden und können schnell eine Geschwindigkeit von über 30 km/h aufweisen. Wanderungen im Wald sind dann aufgrund des Risikos von herunterfallenden Ästen nicht mehr zu empfehlen.
Das Besucherzentrum „Fuente de la Zarza" befindet sich auf fast 1.000 m und liegt manchmal in Wolken

6.6 Las Tricias

Der Nordwesten ist bereits gut von den Passatwinden geschützt und Staubewölkung vom Passat führt hier kaum zu Niederschlägen. Die Region bei Las Tricias und hinunter nach Buracas und zu den Drachenbäumen ist deshalb eine gute Alternative zum Wandern, wenn das Wetter im Osten schlecht ist.

6.7 Puntagorda und Tijarafe

Bei Nordostpassat sind Puntagorda und Tijarafe bestens vom Wind geschützt. Nur wenn die Windrichtung nach Nord dreht, kann es in Puntagorda windig werden. An vielen Tagen bildet sich im Bereich von 1.000 m eine Wolkendecke die auch mal 300 m bis 500 m dick werden kann. Wandern im Nebel kann zwar sehr schön sein, man verliert aber schnell die Orientierung. Bei geplanten Wanderungen in dieser Höhenlage empfiehlt es sich deshalb ein GPS Gerät mitzunehmen und die offiziellen Wege keinesfalls zu verlassen.

6.8 Barranco de la Madera

Der Barranco de la Madera über Sta. Cruz ist nicht sehr windanfällig. Mehr Beachtung muss man der Regenprognose schenken. Bei Regen kann der Weg speziell im oberen Bereich der Wanderung glitschig werden. Starke vorausgehende Regenfälle führen zu Steinschlag oder können den Weg unpassierbar machen. Weil die Wanderung über einen großen Höhenbereich geht, man startet bei rd. 200 m und der höchste Punkt ist auf 950 m, kann es sein, dass man in eine Wolke hochwandert. GPS Empfang ist in der Schlucht zum Teil eingeschränkt. Wenn man den Weg nicht verlässt, kann man sich aber auch im Nebel kaum verlaufen. Trittsicherheit ist in dieser Schlucht bei jeder Wetterlage wichtig.

6.9 Tamanca

Die Tamanca beschreibt den Bereich südlich der Ortschaft Jedey im Westen der Insel. Die Tamanca ist bei Passatwind vielfach gut windgeschützt. Der Wanderweg führt lange in den Lavafeldern unterhalb der Hauptstraße entlang und man ist daher kaum in Wolken. Der südliche Bereich der Wanderung nach Fuencaliente ist eher wind- und wolkenanfällig. Die Tamanca ist eine geschützte Gegend für Aktivitäten im Freien, bei fast allen Wetterlagen, außer beim Aufzug einer Front.

6.10 Fuencaliente

Bei Nordostwind beschleunigen die Winde in der Gemeinde Fuencaliente und auf dem Vulkan San Antonio können bei angesagten „moderaten" 20 km/h NO-Passat plötzlich Windgeschwindigkeiten von über 70 km/h entstehen. Auch der Bereich der Saline ist windanfällig.

7 Flugwetterprognose

Das Gleitschirm-Flugwetter auf La Palma ist komplex und kann sich kleinräumig extrem unterscheiden. Die hier genannten Tipps können jahrelange Erfahrung nicht ersetzen und es ist unmöglich Vorgaben zu geben, denn kleine Abweichungen bei Inversion, Windstärke oder Windrichtung können einen großen Einfluss auf die Flugwetterentwicklung haben. Es wird deshalb jedem unkundigen Piloten empfohlen, bei den lokalen Piloten um Rat nachzufragen.

Um für La Palma eine Flugwetterprognose herzustellen, brauchen wir nicht nur die Wetterkarten, wir müssen nach draußen gehen und die Prognosen mit der Realität abgleichen: Was machen Wind, Wolken und Wellen?

7.1 Flugwetterlage

Man kann bei vielen Wetterlagen auf La Palma Gleitschirm fliegen. Am häufigsten kommt die Passatlage (Kap. 4.1) vor. Sie ist bestmöglich, denn sie führt durch Absinkprozesse im Hoch zu einer schützenden Inversion. Zusätzlich fließt die Luft in den unteren Schichten viele tausend Kilometer über das Meer und ist entsprechend feucht, was wiederum die Wolkenbildung fördert und Wolken wiederum geben wichtige Hinweise auf die Windverhältnisse und besänftigen die Thermik.

7.2 Wind

Am besten bläst der Wind auf Meereshöhe bis maximal 20 kn und nimmt mit zunehmender Höhe ab. Der Wind in den unteren Schichten bis rund 1.000 m hilft uns auf der Leeseite gute Gegenwirbel entstehen zu lassen.

7.3 Wolken

Für einen guten Flugtag muss genügend Feuchtigkeit vorhanden sein, um auf rd. 1.000 m eine Wolke, am besten mit einer Schichtdicke von rd. 300 m, entstehen zu lassen. Die Vasenform im Emagramm ist perfekt (Seite 42). Die Wolkenbildung nach ein paar Stunden Sonnenschein ist aus vier Gründen wichtig:

1. Durch die Bewegung der Wolken können wir auf die Windrichtung und die Windstärke zurück schließen.
2. Die Inversion wird durch die Wolkenbildung sichtbar.
3. Infolge der Wolkenbildung wird der Wind auf der Westseite in eine westliche Richtung abgelenkt und fließt den Berg hoch.
4. Die Abschattung führt zu größerer und sanfterer Thermik.

7.4 Inversion

Im Lee kann nur geflogen werden, wenn Inversion, Thermik oder Gegenwirbel die Fallwinde aufhalten. Auf La Palma ist die verlässlichste Barriere eine Inversion. Diese beginnt idealerweise auf rund 1.000 m und beträgt wünschenswert 5 °C oder mehr. Befindet sich die Inversion über dem Grat (Abb. 4.3), dann kann der Passatwind unter ihr auf die Westseite fließen und schon bei relativ geringen vorausgesagten Windgeschwindigkeiten zu turbulenten Föhnbedingungen führen.

7.5 Wellen

Das Meer ist perfekt zum Beobachten von lokalen und überregionalen Winden und deren Richtung. Die Windlinie vom Passatwind ist meist mit einem Fernglas gut zu sehen. Während dem Flug ist das Meer ständig zu beobachten. Eine sich verschiebende Windlinie deutet auf eine Änderung der

Hauptwindrichtung hin. Bewegt sich die Windlinie auf die Insel zu, ist mit einer Verstärkung der Windgeschwindigkeit zu rechnen. Bei sich bildenden Schaumkronen auf der Meer wird der Wind endgültig zu stark. Dann startet man nicht mehr oder geht rechtzeitig landen.

8 Wetterkarten

Eine Wetterkarte ist eine Landkarte, auf der das bestehende Wetter zu einem bestimmten Zeitpunkt visuell dargestellt ist. Der Zeitpunkt kann in der Vergangenheit, der Gegenwart oder der Zukunft liegen, in letzterem Fall spricht man von *Prognose* oder *Forecast*.

Im Internet sind so viele Daten und Karten zugänglich, dass man sich leicht verlieren kann. Unzählige Universitäten und Privatanwender, aber auch das Militär unterhalten Meteorologie Programme und rechnen Karten. Für einfache Prognosen auf La Palma reichen eine Bodenwetterkarte und eine 500 hPa Höhenwetterkarte[1] aus.

8.1 Bodenwetterkarten

Auf einer Bodenwetterkarte werden zuerst die Messwerte aller verfügbaren Stationen in eine Landkarte eingetragen. Stationen mit gleichem Druck werden dann mit Hilfslinien verbunden. Diese Linien gleichen Druckes nennt man Isobaren. Kernzonen mit tiefem Druck werden mit einem T (oder englisch L für *low*) bezeichnet, Zonen mit einem hohen Druck mit einem H. Ogimet verwendet die Spanische Bezeichnung mit B für *Baja* (Tief) und A für *Alta* (Hoch).

So erstellen Sie eine Bodenwetterkarte für La Palma:

1. www.ogimet.com/tabla_pred.phtml aufrufen
   (QR Code auf Seiten 82, 84).

2. In der Spalte „Islas Canarias" den gewünschten Tag wählen und auf „S" (für *superficie* = Oberfläche) klicken.

---

[1] www.ogimet.com/tabla_pred.phtml [Aufgerufen 30. Apr. 2022]

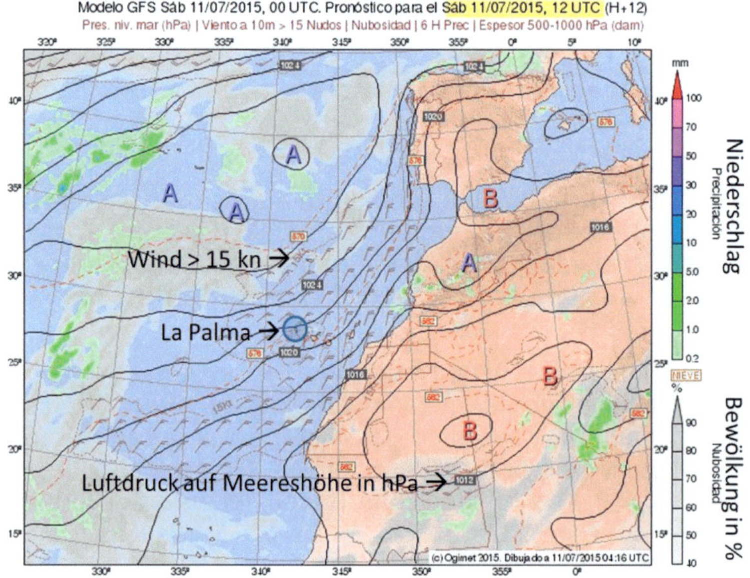

Abb. 8.1: *Ogimet Bodenwetterkarte für La Palma 11. Jul. 15*

8.2 500 hPa Höhenkarte

Für langfristige Prognosen ist die 500 hPa Höhenwetterkarte ausschlaggebend. 500 hPa entsprechen ungefähr 5.500 m. Auf dieser Höhe haben Wind und andere Prozesse einen dominierenden Einfluss auf die Wetterentwicklung. Die Hälfte der Masse der Atmosphäre liegt jeweils unter bzw. über diesem Niveau. Kaltlufttropfen (Kap. 4.6) sind auf dieser Karte klar ersichtlich.

So erstellen Sie eine Höhenwetterkarte 500 hPa:

1. www.ogimet.com/tabla_pred.phtml aufrufen
   (QR Code auf Seiten 82, 84).

2. In der Spalte „Islas Canarias" den gewünschten Tag
   wählen und auf „5" klicken.

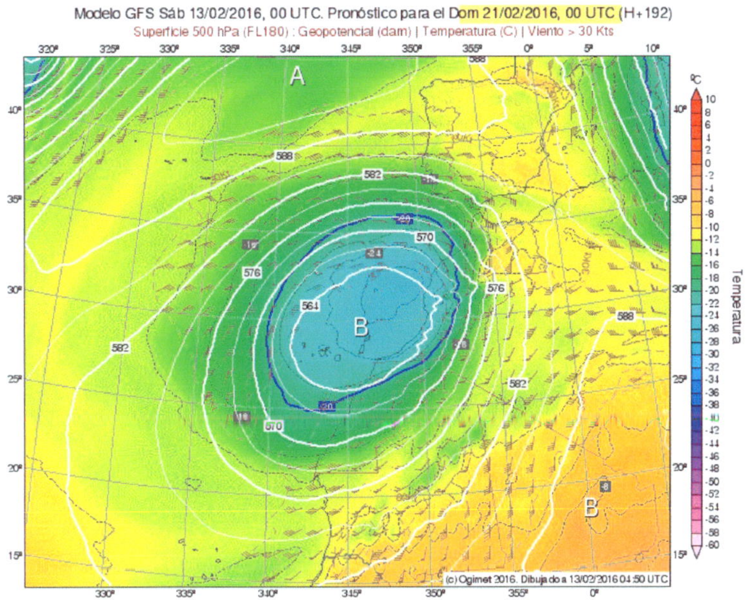

Abb. 8.2: *Ogimet Höhenwetterkarte für La Palma*

8.3 Meteogramm

Eine Wochenprognose lässt sich für La Palma einfach bei
Meteoexploration rechnen.[2] (QR Code S. 82, 84).

Das Meteogramm verfügt über folgende 9 Spalten:

---

[2]Aufrufen von:
   https://meteoexploration.com/mountain/figures/meteogramgfsTAB.png

1. Zuoberst: Wolken eingeteilt in Hoch, Mittel, Tief. Wind und Windrichtung, Temperatur in °C und rel. Feuchtigkeit.
2. CAPE = Gewitterwahrscheinlichkeit.
3. Bewölkungsgrad in %.
4. Luftdruck in Hektopascal.
5. Höhe der Nullgradgrenze in Meter.
6. Temperatur und Taupunkt auf 2 m Höhe.
7. Relative Feuchtigkeit auf 2 m Höhe.
8. Sonneneinstrahlung in Watt pro m^2.
9. Regenmenge in Liter pro m^2.

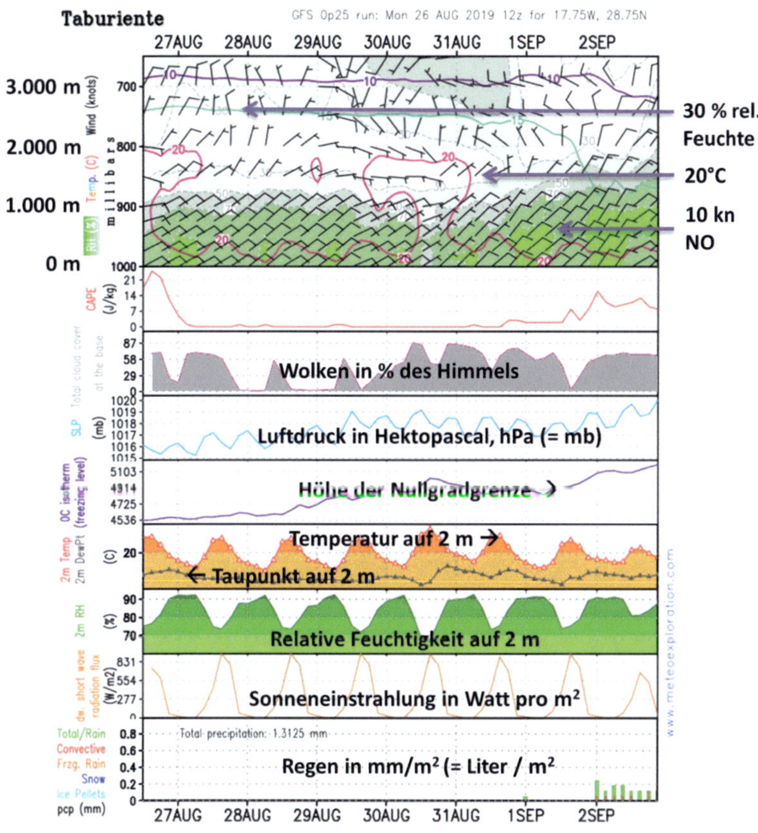

Abb. 8.3: *Meteogramm für La Palma*

9 Bilder

Abb. 9.1: *Grüner Blitz bei Sonnenuntergang vor Puerto Naos*[1]

---

[1] Erklärung: https://de.wikipedia.org/wiki/Grüner_Blitz
   [Aufgerufen 30. Apr. 2022]

Abb. 9.2: *Kármán Wellen: Madeira und die Kanaren*

Abb. 9.3: *Passatwolken überströmen die Cumbre Nueva*

Abb. 9.4: *Thermische Nachmittagsbewölkung, Westseite*

Abb. 9.5: *Lenticularis über dem Vulkan San Antonio im Süden*

Abb. 9.6: *Cumulus Lenticularis über Sta. Cruz (26.02.2010)*

Abb. 9.7: *Rotorwolke über Los Llanos (01.01.2015)*

Abb. 9.8: *Schneefall bis auf rd. 1.300 m (März 2011)*

Abb. 9.9: *Coladas de San Juan mit Schnee (März 2011)*

Abb. 9.10: *Waldbrand Mña Enrique, El Paso (2012)*

Abb. 9.11: *Der Wald erholt sich nach einem Brand schnell*

Abb. 9.12: *Kaltfrontaufzug vor Puerto Naos auf (März 2013)*

Abb. 9.13: *P. Naos: Schäden nach Sturm Delta (29. Nov. 2005)*

Apalmet

Meteogramm

NOAA Sounding

Ogimet

SAT Gewitter

Calima

Spaghetti Plot

Windy

Calima 1

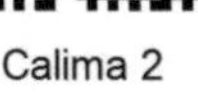

Calima 2

Wunderground

Welt der Wolken

10 Internet Meteo

Das Internet bietet eine Fülle von kostenlosen Informationen. Hier ein paar beliebte Seiten[1] für La Palma:

apalmet.es/	Wetterseite für La Palma
earth.nullschool.net	Windanimationen global
meteoblue.com	Wetterkarten
	z.T. gebührenpflichtig
meteoexploration.com	Meteogramm für La Palma
(QR Code: Meteogramm)	
ogimet.com	Kartensammlungen GFS
ready.noaa.gov/READYcmet.php	GFS Sounding Forecast
sat24.com	Viele Satellitenbilder
weather.uwyo.edu	Uni Wyoming aktuelle
	Sondierungen weltweit
weatheronline.co.uk	Profi Wetterkarten
	(Expert Charts)
wetter3.de	Top Karten weltweit
windfinder.com	Windkarten
windy.com	Windanimationen global
https://dust.aemet.es/	Animierte Calima Prognose
wunderground.com/wundermap	Aktuelle Wetterdaten
wetteronline.de	Weltweit mit Profilkarten
wetterzentrale.de	Top Karten weltweit
weltderwolken.de	Schöne und
	professionelle Sammlung
	von Wolkenbildern

---

[1]Links Aufgerufen 30. Apr. 2022.

NubesLaPalma

Geolog. Wanderf.

Volcanes

Häckel

Wolkenbilder

Donnerwetter

Meteorología La Palma

Streckenfliegen

Vulkaneruption 21

Whether the Weather

11 Literatur

Las Nubes de la Palma Es,D,E Fernando Bullón Miró
ISBN 84-8320-285-9

Geologischer Wanderführer D Rainer Olzem
ISBN 978-3-00-046455-3 Timm Reisinger

Los volcanes de las islas Canarias Es,E Juan Carlos Carracedo
ISBN 978-84-7207-190-2

Meteorologie D Hans Häckel
ISBN 978-3-8252-1338-1

Wolkenbilder Wettervorhersage D Walter Sönning
ISBN 3-405-15111-2 Claus G. Keidel

Donnerwetter D Roger P. Frey
Flugmeteorologie von A bis Z
ISBN 978-3-033-02636-0

Vulkaneruption auf La Palma D,E Roger P. Frey
ISBN DE 978-3-755-79237-6
ISBN ES 978-8-4112-3355-2

Streckenfliegen D Roger P. Frey
Lehrbuch zum B-Schein
ISBN 978-3-033-02076-4

Meteorología Es Roger P. Frey
en la Isla de La Palma
ISBN ES 978-8-411-23364-4

Stichwortverzeichnis